Ihr Weg zur Marke „ICH"

EBOOK INSIDE

Anja Mahlstedt

Ihr Weg zur Marke „ICH"

Kluge Strategien für beruflichen Erfolg

 Springer

Anja Mahlstedt
Training Coaching Consulting
Wedel
Deutschland

Elektronisches Zusatzmaterial
Die Online-Version für das Buch enthält Zusatzmaterial, das berechtigten Benutzern zur Verfügung
steht. Oder laden Sie sich zum Streamen der Videos die „Springer Nature More Media App" aus dem
iOS- oder Android-App-Store und scannen Sie die Abbildung, die den „Playbutton" enthält.

ISBN 978-3-658-21701-3   ISBN 978-3-658-21702-0 (eBook)
https://doi.org/10.1007/978-3-658-21702-0

Die Deutsche Nationalbibliothek verzeichnet diese Publikation in der Deutschen Nationalbibliografie; detaillierte
bibliografische Daten sind im Internet über http://dnb.d-nb.de abrufbar.

Illustrationen: Susanne Speer

Gedruckt auf säurefreiem und chlorfrei gebleichtem Papier

Springer ist ein Imprint der eingetragenen Gesellschaft Springer Fachmedien Wiesbaden GmbH und ist ein Teil
von Springer Nature.
Die Anschrift der Gesellschaft ist: Abraham-Lincoln-Str. 46, 65189 Wiesbaden, Germany

Für meinen Vater, der mir den Weg in die Markenartikelindustrie geebnet hat,
und
für meine Mutter, die mir den Blick für Optionen und Potenziale geschenkt hat

Vorwort

Nach Veröffentlichung meines ersten Buchs hat es mich noch einmal gepackt! Gern möchte ich mit Ihnen meine Erfahrungen und auch die meiner Seminar- und Workshopteilnehmer zur Markenbildung teilen.

Warum dieses Buch und warum in dieser Form? Das verrate ich Ihnen am besten gleich zu Anfang: Ich bin Egoistin! Nicht, dass ich mich nicht um die Belange anderer Menschen kümmere oder versuche, möglichst empathisch zu sein. Das nicht, das ist ja schließlich auch Teil meines Berufs. Ich bin egoistisch, wenn ich Bücher schreibe. Ich habe gemerkt, wie gut es mir tut, mich mit Themen auseinanderzusetzen, von denen ich glaube, dass sie meine Leser und Seminarteilnehmer weiterbringen. Schon, wenn eine Buchidee reift, dann sehe ich auf einmal alles durch die Brille der Fragestellungen, mit denen ich mich gerade beschäftige.

In diesem Buch wird es wieder um das Thema „Entwicklung" gehen. Es wird darum gehen, wie Sie Ihr Profil schärfen und nachhaltig Ihre Ziele erreichen, indem Sie Ihre Stärken in Abgrenzung zu anderen Kompetenzen herausarbeiten und stärken.

Ich möchte Sie auf eine Reise nach innen mitnehmen. Eine Reise, bei der Sie sich mit essenziellen Fragen auseinandersetzen werden. „Was ist Ihnen wirklich wichtig und wofür möchten Sie langfristig stehen?" Wir kümmern uns gemeinsam darum, wie Sie Ihren Blick darauf richten, welche Schätze bereits da sind und wie Sie diese ins rechte Licht rücken, um den Lohn und die Ernte einzufahren. Um das zu bekommen, was Ihnen wichtig ist, und echten Mehrwert zu stiften. Um das an andere weiterzugeben, was Ihnen wichtig ist. Kurzum, Ihre Werte wirklich zu leben und damit ein für Sie wertiges, glückliches und erfülltes Leben zu führen.

Deshalb also bin ich Egoistin, wenn ich dieses Buch schreibe. Das meine ich im positiven Sinne. Wenn wir über eine Themenstellung intensiv nachdenken, dann befassen wir uns ständig mit vielen für dieses Thema relevanten Fragestellungen, auch unbewusst. Wenn wir mit anderen sprechen, wenn wir ein Verhalten beobachten oder einen Songtext auf einmal bewusster hören. Ich halte mich für fokussiert und bin glücklich, wenn ich kreativ sein kann. Ich bin nicht diejenige, die Innovationen erschafft – vielleicht noch nicht. Aber es macht mir Freude, Dinge, Gedanken und Impulse aufzunehmen und miteinander zu verknüpfen, und manchmal kommt dann auch etwas Neues dabei heraus. So wie in diesem Buch. Der Gedanke, das Wissen der Markenartikelindustrie auf die Entwicklung der Marke „ICH" zu übertragen, ist nicht neu. Neu sind die Erarbeitung eines Markenleitbildes und die Verbindung der Marke „ICH" mit Persönlichkeitstypologien. Unterschiedliche Persönlichkeiten haben unterschiedliche Präferenzen und gehen unterschiedlich an Themen heran. So auch an die eigene Weiterentwicklung und an die Entwicklung der eigenen Marke.

Auch dieses Buch habe ich für Sie als Selbstcoachingbuch konzipiert. Immer wieder werden Sie in den Kapiteln Übungen finden, die zum Nachdenken und zur Reflexion einladen sollen. Den meisten Mehrwert erzielen Sie, wenn Sie die Fragen schriftlich beantworten und sich dafür Zeit nehmen.

Selbstverständlich können Sie das Buch zunächst einmal querlesen und dann die Stellen vertiefen, die für Sie von besonderem Interesse sind. Verfolgen Sie das Ziel, Ihre Marke „ICH" langfristig zu entwickeln und zu etablieren? Dann lohnt es sich, die Übungen nacheinander durchzuführen, da sie zum Teil aufeinander aufbauen.

Hintergrundinformation

Im Literaturverzeichnis und am Ende der Kapitel finden Sie diesmal nicht nur Literaturhinweise, sondern auch ausgesuchte Videos, die ich Ihnen zur Vertiefung empfehlen möchte. Ich habe in diesem Jahr einen Podcast produziert, der viele der Themen in Kurzsequenzen für Sie erläutert. Damit Sie schnell Zugriff auf diese Videos haben, finden Sie hier Videos und Dateien, die mit der kostenfreien Springer Nature ExploreBooks App aus dem IOS- und Android-Store abspielbar und downloadbar sind. Dazu einfach die Abbildungen, die das App-Logo tragen, scannen.

Diese Abbildungen dienen außerdem als Kurzzusammenfassungen der wichtigsten Tipps auf einen Blick für Sie im Taschenformat. Alle zusätzlichen Arbeitsmaterialien finden Sie unter www.mahlstedt-tcc.de.

Die ersten beiden Kapitel sind die Vorarbeit, um zu Ihrem persönlichen Markenleitbild zu kommen. Es verbindet die Kenntnisse aus dem Marketing mit dem Thema Leitbildentwicklung, damit Sie das Thema langfristig angehen. Ich meine mit langfristig wirklich lang, lebenslang. Mir geht es mit diesem Buch darum, Ihre Kompetenzen auf den Punkt zu bringen, auf Basis Ihrer Werte, Ihres Umfelds und allem anderen, was Ihnen wichtig ist. Vom Mehrwert, den Sie davon haben werden, erfahren Sie in Kap. 6: Präsenz, Fokus und Erfolg. (Kap. 6) Sie haben Ihre Marke etabliert, wenn andere Menschen im Umgang mit Ihnen erleben können, was Ihnen wichtig ist und woran Sie glauben. Sie laden dann andere Menschen ein, auch diese Themen verstärkt in den Fokus zu nehmen, ihre Entscheidungen daraufhin auszurichten und den Weg mit Ihnen gemeinsam zu gehen.

Doch wenn wir schon beim Kern sind, dann wird auch schnell deutlich, dass es bei dem Thema Marke nicht darum geht, dauerhaft etwas vorzugeben, was wir nicht sind! Sondern es geht darum, Ihren inneren Stärken auf die Spur zu kommen. Markenmacher sagen, wenn es mit der Marke ein kritisches Thema gibt, dann schau nach innen. Genau das wollen wir jetzt tun. Nach innen schauen, um nach außen dann mit einer klaren Positionierung die Menschen für Sie und Ihr Anliegen zu gewinnen. Wenn das Produkt einzigartig ist, dann sind Marketing und Sales ein Kinderspiel. Wenn Sie Ihre Haltung und Ihre Mission für sich erarbeitet haben, dann werden Sie Ihren Weg von ganz allein gehen und Ihre Ziele erreichen. Klassisches Marketing ist dann nicht mehr nötig. Sie und Ihre Stärken werden nachgefragt. Ihr Mehrwert wird genutzt, und das schafft für Sie das wunderbare Gefühl, immer weiter anzukommen. Denn auch da sollten wir uns einig sein, bevor Sie starten. Das Buch endet nicht mit dem Ende Ihrer Reise, es ist ein Begleiter für die Reisevorbereitungen. Ein häufiger Fehler, der im klassischen Marketing gemacht wird, ist die Haltung „to get things done". Wir wollen die Dinge erledigt haben und vergessen dabei, dass auch eine Marke an den Bedarf angepasst werden will. Wir vergessen, dass die Konsumenten mittlerweile Produkte abstrafen, deren Hersteller eine Unternehmenskultur haben, die im Gegensatz zur kommunizierten Markenbotschaft steht. In Deutschland mussten das vor einigen Jahren einige Drogerieketten und Discounter schmerzlich erfahren. In Amerika erholt sich die Marke „Hoover" erst ganz langsam vom Missmanagement. Die Konsumenten nehmen sehr stark wahr, ob die Markenbotschaft mit der Unternehmenskultur kompatibel ist. Das ist bei unserer Marke „ICH" ganz genauso. Es geht nicht darum, dauerhaft etwas vorzugeben, was tief in unserem Inneren gar nicht vorhanden ist. Sondern das, was uns wirklich wichtig ist, nach außen zu tragen und mit Leben zu füllen. Letztlich gewinnen und überzeugen wir Menschen, wenn wir selbst überzeugt sind. Überreden oder penetrante Vermarktung ist dann gar nicht nötig, denn der Mehrwert überzeugt.

Ich werden Sie bei Ihrer Reise nach innen und bei der Entwicklung Ihrer Marke „ICH" mit Hilfe der MARKE-Strategie begleiten. Wir werden gemeinsam anschauen, wie Ihre langfristige Vision aussieht und welche Haltung, welche Mission Sie dazu führt, sich auf diese Reise zu begeben. Die meisten echten Missionen haben sich durch leidvolle Erfahrungen entwickelt. Denken Sie an das Diesel-Desaster von Volkswagen, das der Mission des Elektromotors aktuell zu neuem Schwung verhilft. Oder erinnern Sie sich an die leidvolle Erfahrung der Amerikaner im Wettlauf mit den Russen um die bemannte Raumfahrt. Kennedy schwor die Nation mit folgendem Zitat auf die neue Vision ein:

„I believe that this nation should commit itself to achieving the goal, before this decade is out, of landing a man in the Moon and returning him safely to the Earth. No single space program in this period will be more impressive to mankind, or more important in the long-range exploration of space, and none will be so difficult or expensive to accomplish."[1] Kürzlich habe ich das Kennedy Space Center in Florida noch einmal besuchen dürfen. Die Amerikaner haben das Museumskonzept großartig überarbeitet und das Areal ausgebaut. Viele Exponate sind Originale, so auch das Space-Shuttle Atlantis,[2] das unversehrt aus dem All wieder zurückgekommen ist und dort zu besichtigen ist. Seit Langem hat mich kein Museum so beeindruckt wie dieses. Auch wenn Kritiker sagen, dass es eine typisch amerikanische Show beinhaltet und „think big" überall zu spüren sei.[3] Ja, Durchhaltevermögen und die Verwirklichung eines nationalen Traums sind dort zu spüren, und da leben uns die Amerikaner hin und wieder im positiven Sinne die Kraft der Emotionen und Bilder vor. Nachhaltig beeindruckend war insbesondere für unsere Kinder das Gespräch mit dem Astronauten Don, der mehrfach auf Space-Shuttle-Missionen die Erde umrundete und den Besuchern Rede und Antwort stand. Mit einer deutschen Frau verheiratet, nahm er sich insbesondere Zeit für „seine deutschen Besucher", wie er sagte. Auf die Frage meiner Tochter, wie er es geschafft habe, diesen Beruf auszuüben, sagte er Folgendes: „Ich bin zweimal durch die Aufnahmeprüfung des NASA Programms gefallen und habe hart dafür gearbeitet. Ich bin trotzdem ein drittes Mal zur Prüfung gegangen, weil ich wusste, dass dies mein Lebenstraum ist. Ich war

---

[1] John F. Kennedy, adressing a joint session of Congress, May 25, 1961

[2] YouTube Video: https://www.youtube.com/watch?v=doGcMijgWx4

[3] Bewertungsportal zum Kennedy Space Center: https://www.tripadvisor.de/ShowUserReviews-g60751-d109291-r94823225-NASA_Kennedy_Space_Center_Visitor_Complex-Titusville_Brevard_County_Florida.html

davon überzeugt, dass ich die Voraussetzungen für einen guten Space-Shuttle-Astronauten mitbringen würde, und ich wusste, dass es mich immer wieder dort hinaufziehen würde. Also ließ ich nichts unversucht. Dieses Vertrauen in meine eigenen Fähigkeiten hat mir dann geholfen, den dritten und letzten Prüfungsversuch zu bestehen. Werdet euch darüber klar, was ihr wirklich zutiefst wollt, und dann arbeitet hart dafür, dass ihr es bekommt. Lasst euch nicht ermutigen! Gerade die erste Ablehnung hat mich noch stärker gemacht, für meinen Traum zu kämpfen. Mich hat das Erreichen dieses Lebensziels sehr glücklich gemacht!"

Wenn wir persönliche schmerzvolle Erfahrungen gemacht haben, weil wir uns nicht ausreichend gesehen fühlen oder wir beim nächsten Karriereschritt übergangen wurden oder warum auch immer, dann haben wir die Wahl. Wir könnten entmutigt den Kopf in den Sand stecken oder uns erst recht auf den Weg machen. Gerade aus diesen zunächst negativen Erfahrungen können sich kraftvolle Missionen und Leitbilder ergeben. Gerade aus diesen Erfahrungen!

So weit also schon mal zum „Warum dieses Buch?".

„Warum in dieser Form?"

Auch diesmal erwartet Sie wieder ein Selbstcoachingteil mit Fragen zum Weiterarbeiten und Mitdenken. Ich schreibe immer wieder, dass wir alle Sinne ansprechen sollen, um Themen zu verankern. Bei meinen Recherchen für dieses Buch hat mich diese Frage wieder umgetrieben. Daraus ist jetzt die Idee entstanden, Ihnen nach jedem Kapitel zusätzlich zu weiterführenden Literaturempfehlungen auch noch ausgesuchte Videos anzubieten. Insbesondere Videos, die im „Ted Talk" oder bei „Gedanken tanken" zu sehen sind, sind eine großartige Quelle, um das Wissen mit weiteren Sinnen zu verankern.

Es ist wieder ein Mitmachbuch, das Sie zum Mitdenken, Weiterdenken und Umsetzen anregen soll. Mit ein paar Hintergrundinformationen, aber vor allen mit Praxiserfahrungen und kleinen Geschichten. Geschichten, damit Sie bei der Entwicklung Ihrer Marke auch Ihre eigene Geschichte entwickeln können. Was macht Sie aus, wofür stehen Sie und was hat Sie zu dem gemacht, der Sie sind?

Wir Menschen lieben Geschichten. Unseren Kindern erzählen wir sie zum Einschlafen, den Erwachsenen, damit sie wachbleiben und uns zuhören. Welche Geschichten möchten Sie erzählen?

Meine berufliche Geschichte startet mit einem Desaster. Ich habe auf Drängen meiner Eltern und aus Mangel an bewussten Alternativen mit einer Bankausbildung begonnen. Mir war im zarten Alter von 19 Jahren überhaupt noch nicht klar, was ich gut konnte und was mir wichtig war. Aber dass ich das wohl nicht wirklich bei der Arbeit in einer Bank entfalten konnte, das war mir schon nach der ersten Woche klar. Dieses Gefühl, auf einmal täglich dort sein zu müssen, an einem Ort, der mir nicht behagte, machte mich wirklich unglücklich. Mein Umfeld sagte: „Klar, das ist der Praxisschock nach der Schule. Sei froh, dass Du das jetzt schon erfährst, dann trifft Dich das nach der Universität nicht so hart!" Die Ausbildung habe ich trotzdem beendet. Ich habe sie sogar mit Auszeichnung bestanden, denn das hat meine Erziehung so mit sich gebracht. Aber glücklich zu sein, das Gefühl zu haben „Hier bin ich am richtigen Ort", das hatte ich zu keiner Zeit der 495 Arbeitstage. Sie lesen richtig. Ich habe die Tage gezählt: Zwei Jahre Ausbildung, denn ich habe als Abiturientin die Ausbildung verkürzen können, abzüglich Urlaub und einigen Berufsschultagen ergeben diese Zahl. Das würde mir heute nie passieren, z. B. Arbeitstage zu zählen, bis zum Urlaub. Ich mache meine Arbeit mit vollem Herzen und verspüre fast immer Zufriedenheit und oftmals auch Glück. Das ist der Zustand, den wir erreichen können, wenn wir uns auf unseren Kern, unsere Werte, auf das, was uns ausmacht, besinnen und danach unser Leben gestalten. Das Modell der Marke „ICH" kann dazu mit seinen Bestandteilen und Fragestellungen ein hilfreicher Rahmen sein.

Kennen Sie das, wenn Sie als Kind oder Jugendlicher etwas lernen sollten und dazu nicht wirklich Lust hatten, aber die Erwartungen erfüllen wollten, die an Sie gestellt wurden? Dann haben wir doch oft so getan, als ob wir es lernen würden, aber wirklich gelernt haben wir nicht. Und uns entwickelt schon mal gar nicht! Ich habe es mal zur Höchstleistung in dieser Täuschung beim Gitarrenlernen gebracht. Ich sollte ein Musikinstrument lernen, meine Wahl fiel auf die Gitarre. Ein wirklicher Herzenswunsch war es nicht, und mein Lehrer war kein wirklicher Motivator. Ich schaffte es ein ganzes Jahr lang, zu dieser Musikstunde zu gehen, ohne zu üben und besser zu werden. Dem Lehrer versichernd, dass wir weiter im Buch gehen konnten, immer vermeidend, dass ich alte Stücke vorspielen musste. Am Jahresende konnte ich NICHTS und meine entsetzten Eltern legten den Musikunterricht auf Eis. Eine Untersuchung, auf die ich während der Recherche für dieses Buch gestoßen bin, gab mir recht. Es war eine Studie mit Kindern, die ein neues Instrument erlernen sollten. Es wurde im Vorfeld genauestens statistisch erhoben, ob sie aus einem musikalischen Elternhaus kamen, wie viel Unterstützung sie erhalten würden, ob sie mathematisch analytisch begabt seien usw. Ob ein Kind erfolgreich ein Instrument lernte oder eben auch nicht, darüber entschied die Beantwortung folgender Frage: „Wie lang werde ich das Instrument spielen?" Kinder die für sich diese Frage mit „mein Leben lang" beantworteten, machten sehr schnell Fortschritte. Kinder, die den Zeitraum so kurzfristig wie möglich setzten, blieben in den Anfängen stecken und waren wenig motiviert.

Aus heutiger Sicht nehme ich es mit Eugen Roth[4]: „Der Mensch schaut in der Zeit zurück und sieht, sein Unglück ist sein Glück." Hätte mich die Zeit bei der Bank nicht so unglücklich sein lassen, dann hätte ich mich nicht, zumindest nicht so frühzeitig, mit der Frage auseinandergesetzt, welches berufliche Umfeld der Mensch braucht, um motiviert arbeiten zu können, um sich zu entwickeln und um letztlich Leistungen zu bringen.

Nach Ausbildung und Studium konnte ich eine ganz neue Erfahrung machen. Ich machte den nächsten Karriereschritt in ein Unternehmen der Konsumgüterindustrie und arbeitete dort im Personalmanagement. Ich arbeitete mit Menschen und ihren Entwicklungen in einer Unternehmenskultur, die mir einen hohen Freiheitsgrad ließ. In diesem Umfeld nahm neben den Menschen die Marke einen wichtigen Platz ein. Hier fühlte ich mich wohl, konnte meine Stärken einbringen und mich täglich weiterentwickeln. Vieles drehte sich um die Marke und ihre Präsenz. So lag schnell die Frage nahe, was wir im Personalbereich oder auch als Personaler von den Markenmachern im Marketing lernen können. Und nicht nur das, noch interessanter ist es doch zu sehen, was wir auf uns Menschen übertragen können. Was unterscheidet eine Marke von einem durchschnittlichen vergleichbaren Produkt? Und im übertragenen Sinne: Was macht ein erfolgreicher Mensch, der eine starke Präsenz ausstrahlt, anders als jemand, der ständig das Gefühl hat, im Mittelmaß zu versinken und mit seiner Leistung übersehen zu werden?

Wir nehmen das oft unbewusst wahr und treffen unsere Entscheidung. Im Supermarkt entscheiden wir uns unbewusst für das Produkt, an dessen Markenversprechen wir glauben, im Auswahlgespräch für den Bewerber, dessen Präsenz uns überzeugt.

Sehen Sie eine Parallele? Ich auch! Ich lade Sie herzlich dazu ein, uns unsere unbewussten Entscheidungen ein wenig bewusster zu machen. Und vor allen Dingen für unsere eigene Präsenz zu stärken. Gestalten Sie Ihre Marke „ICH"!

Ihnen beim Lesen, Stöbern, Nachdenken, Vordenken und YouTuben viel Spaß und Erfolg!

Ein großes „Danke" und eine Bitte

Erneut ein großer Dank an meinen Mann und Karriereunterstützer Eike und meine Kinder Jost und Jule, die meine größten und liebenswertesten Kritiker sind. Dank an Susanne Speer von Designpiranha für die Illustrationen. Susanne Speer kann man auch als Sketchnote Prozessbegleiterin buchen: info@designpiranha. de. Sie visualisiert Prozesse und sorgt damit für eine hohe Lösungsorientierung.

---

[4] Eugen Roth (1895–1976) deutscher Lyriker und Dichter meist humoristischer Verse

Ein besonderer Dank an Frau Dr. Tanja Kopp-Malek, die mir eine wunderbare Impulsgeberin ist und bei meinen vielen Projekten eine ordnende Hand hat. Dank auch meinen Coaching-Klienten und Seminarteilnehmern für den immer wieder neuen Austausch. Und ich danke Ihnen, dass Sie zu diesem Buch gegriffen haben. Lassen Sie uns netzwerken!

Schreiben Sie mir Ihre Erlebnisse und Ihre Erfahrungen mit der MARKE-Strategie. Wie erfolgreich sind Ihre Umsetzungsschritte zum Erreichen Ihrer Vision?

Schaffensfrohe Grüße sendet Ihnen

Ihre
Anja Mahlstedt

Inhaltsverzeichnis

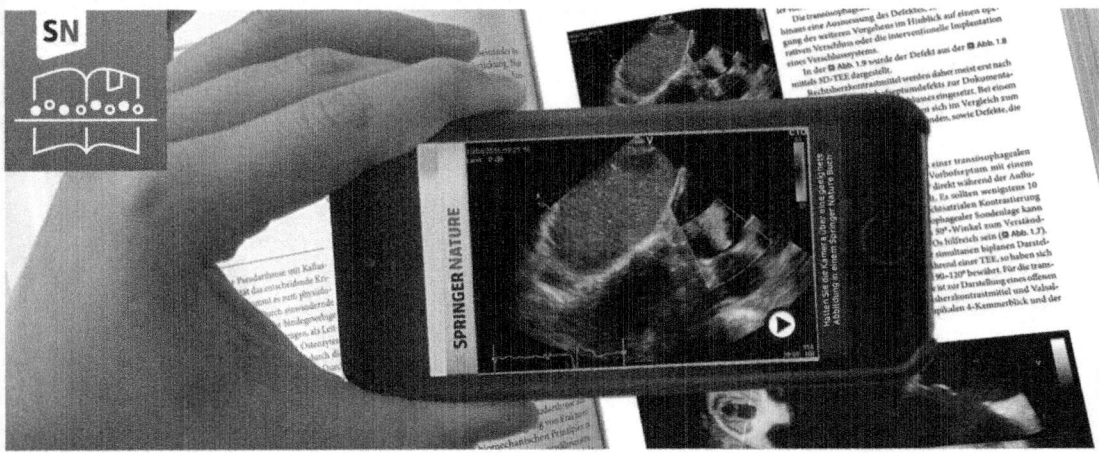

Springer Nature More Media App

Videos und mehr mit einem „Klick" kostenlos aufs Smartphone und Tablet

- Dieses Buch enthält zusätzliches Onlinematerial, auf welches Sie mit der Springer Nature More Media App zugreifen können.*
- Achten Sie dafür im Buch auf Abbildungen, die mit dem Play Button ⊙ markiert sind.
- Springer Nature More Media App aus einem der App Stores (Apple oder Google) laden und öffnen.
- Mit dem Smartphone die Abbildungen mit dem Play Button ⊙ scannen und los gehts.

Kostenlos downloaden

*Bei den über die App angebotenen Zusatzmaterialien handelt es sich um digitales Anschauungsmaterial und sonstige Informationen, die die Inhalte dieses Buches ergänzen. Zum Zeitpunkt der Veröffentlichung des Buches waren sämtliche Zusatzmaterialien über die App abrufbar. Da die Zusatzmaterialien jedoch nicht ausschließlich über verlagseigene Server bereitgestellt werden, sondern zum Teil auch Verweise auf von Dritten bereitgestellte Inhalte aufgenommen wurden, kann nicht ausgeschlossen werden, dass einzelne Zusatzmaterialien zu einem späteren Zeitpunkt nicht mehr oder nicht mehr in der ursprünglichen Form abrufbar sind.

Über die Autorin

Anja Mahlstedt

Selbstmarketing und der persönliche Auftritt sind wesentliche Erfolgsfaktoren für die Karriere.

Wie Karriereentwicklung und Führung gelingen kann, dazu gibt Anja Mahlstedt in ihren Büchern und Vorträgen Einblicke und Ausblicke. Sie ist Management-Trainerin und Coach, Hamburg 1-Moderatorin und Buchautorin, und sie hat schon früh eigene Führungserfahrung sammeln können. Praxisnah und unterhaltsam zeigt sie Ihnen, wie Sie Ihre Stärken zur Entfaltung bringen können, ohne die eigene Natürlichkeit zu verlieren.

Mahlstedt bringt es auf den Punkt: Der Markt verändert sich, und Unternehmen und Menschen, die diese Reise nicht erfolgreich mitgehen, werden auf der Strecke bleiben! Dabei gibt es in ihren Augen noch so viele Potenziale zu heben, im Großen und im Kleinen. Das fängt bei der persönlichen Karrieregestaltung und der Eigen-PR an und hört bei dem Thema Chancengleichheit noch lange nicht auf. In ihrer Beratungstätigkeit macht sie Frauen Mut zur Karriere, denn sie ist davon überzeugt, dass es noch mehr Frauen in Deutschlands Chefetagen braucht.

Sie weiß, wovon sie spricht. Als eine der jüngsten Führungskräfte in einem internationalen Konzern durfte sie sich früh einen reichen Erfahrungsschatz zulegen, den sie gern in ihren Vorträgen teilt: 15 Jahre Berufserfahrung in leitenden und gestaltenden HR-Funktionen, seit mehr als zehn Jahren erfolgreich im eigenen Unternehmen. Sie ist Expertin für Führung und Kommunikation, gefragte Karrieregestalterin und hat das Karrieretool FAKT entwickelt, das sie mit ihrem Buch „Wie Frauen erfolgreich in Führung gehen" (2017) erstmals einer breiteren Öffentlichkeit vorgestellt hat. In ihrem zweiten Werk setzt sie sich mit der Frage auseinander, was wir von Markenmachern lernen können und wie wir unsere eigene Markenpersönlichkeit entwickeln können, damit uns keiner mehr übersieht.

Einprägsam sind nicht nur die Titel ihrer Vorträge wie „Führung rockt", „Komm ein bisschen mit nach Digitalien" oder „Sei merk-würdig", auch ihre Botschaften bleiben haften!

Anja Mahlstedt ist davon überzeugt, dass erfolgreiches Selbstmarketing mit Selbsterkenntnis beginnt. Selbstreflexion auszulösen, ohne dass der Humor zu kurz kommt, ist ein Ziel ihres neuen Buchs, das wieder als Workbook zum Mitarbeiten gestaltet ist.

Machen Sie sich selbst ein Bild von ihr: Videos dazu finden Sie auf ihrem YouTube-Kanal „Anja Mahlstedt". Weitere Informationen zu ihrer Vortragsarbeit und aktuellen Terminen sowie Arbeitsmaterialien zum kostenlosen Download finden Sie auf ihrer Homepage unter www.anjamahlstedt.com.

Über die Illustratorin

Susanne Speer

Susanne Speer ist Grafik-Designerin, Visualisiererin und Coach. Von Kindesbeinen an ist das bekennende Nordlicht nie ohne Stift und Papier unterwegs. Sie hat sich spezialisiert auf Sketchnotes – visuelle Notizen, die mit einfachen Formen und wenig Text auskommen. Damit begleitet sie Veranstaltungen, erklärt schwierige Zusammenhänge und vereinfacht Kommunikation – kurz, knapp und visuell. www. designpiranha.de

Abkürzungsverzeichnis

FAKT   FormAt Karriere-Tool
PR   Public Relations
USP   Unique Selling Proposition
ZDF   Zahlen Daten Fakten

Abbildungsverzeichnis

Selbstcoaching-Übungen

Einleitung

Wie oft im Jahr stehen Sie vor einem Supermarktregal? Wie ist Ihr Einkaufsverhalten? Gehen Sie immer in den gleichen Markt? Greifen Sie schon intuitiv immer wieder zur gleichen Ware?

Mal angenommen, auf Ihrer Einkaufsliste stehen Taschentücher, denn es ist Winterzeit und Sie wollen Ihre Vorräte für den Fall der Fälle wieder auffüllen. Dies ist vermutlich kein Produkt, das Sie täglich einkaufen, also werden Sie selbst im Supermarkt Ihres Vertrauens etwas bewusster vor dem Regal stehen und die Produkte suchen und entsprechend vergleichen. Bei welchen Produkten greifen Sie zur Markenware? Wann sind Sie bereit, auch etwas mehr auszugeben, und warum tun Sie das?

Was wir von Markenmachern für unsere Karrieregestaltung lernen können
Häufig ist uns das gar nicht klar, daher lohnt es sich, schon einmal konkret zu überlegen, welche Markenprodukte bei uns fast wie selbstverständlich im Einkaufswagen landen. Es sind Produkte, die ein bestimmtes Versprechen beinhalten und dafür sind wir dann auch bereit, eine bestimmte Summe Geld zu zahlen. Das ist ein ganz einfaches Tauschgeschäft. Produktversprechen gegen Bares. Dabei kann das Produktversprechen durchaus unterschiedlich sein. Entweder es verspricht mir eine besondere Qualität oder eine besondere Verlässlichkeit. Ich kann bereit sein, mehr Geld für das Original auszugeben, oder ich kaufe mir die Einzigartigkeit des Auserwählten.

In jedem Fall handelt es sich um eine Marke oder eine Brand, wie die Markenmacher das von ihnen Erschaffene auch stolz nennen. Nur, wie entsteht diese? Oft dauert es sehr lange, bis sich die Marke auf dem Markt etabliert hat und sich von anderen Produkten, häufig No-Name-Produkten oder anderen Marken, absetzt.

Überlegen Sie einmal, bei welchen Produkten Sie wie selbstverständlich einen bestimmten Markennamen zitieren, wenn Sie z. B. um ein Taschentuch bitten, wenn Sie sich eine Nussnougatcreme über den Frühstückstisch reichen lassen oder sich Ihre Lippen mit einem farblosen Fettstift nachziehen. Auch wenn die Marke dabei gar nicht auf dem Tisch steht oder Sie sie in der Hand haben, sie benennen sie trotzdem so.

Die Marke ist einzigartig und steht, wie oben beschrieben, für eine bestimmte Eigenschaft und damit allein. Genauso unanfechtbar wie uneinholbar, und sie vereint viele ähnliche Produkte, die für viel weniger Geld zu haben sind, unter ihrem Namen.

Davon können wir uns eine Menge abschauen und für unsere eigene persönliche Karriere nutzen. Stellen Sie sich einmal vor, Sie hätten so viel Expertise in Ihrem beruflichen Feld vorzuweisen, dass man sich in jedem Fall an Sie wendet. So wie man in der theoretischen Physik nicht an Stephen Hawking oder früher in der Herztransplantation nicht an Professor Christiaan Barnard aus Südafrika vorbeikam. Keine Sorge, dafür müssen Sie sich nicht als Wissenschaftler etablieren, das kann Ihnen auch in dem Umfeld gelingen, in dem Sie tätig sind! Versprochen!

Lassen Sie uns gemeinsam erkunden, was wir uns dafür bei den Markenmachern abgucken können. Was tun diese, wenn sie eine neue Marke etablieren wollen? Als Erstes setzen sie sich mit dem sogenannten USP (Unique Selling Proposition) auseinander, das ist der Kern der Marke. Er beantwortet die Frage „Was macht die Marke einzigartig?". Außerdem „Warum sollte der Konsument bereit sein, mehr für mich mehr als für ein anderes Produkt zu zahlen?". Und überhaupt „Warum sollte der Konsument zu mir und nicht zu einem anderen Produkt greifen?".

Die Antworten auf diese Fragen liegen häufig genauso gut gehütet in den Tresoren der großen Konsumgüterkonzerne wie die dazugehörigen Rezepturen. Doch selbst wenn wir die Rezeptur von Coca-Cola so schnell nicht entwickeln werden. Eine Vorstellung davon, was das dahinterliegende Versprechen ist, haben wir als Konsument schon. Das wird uns durch die omnipräsente Werbung immer und immer wieder vor Augen geführt. Bei Coca-Cola kommt zumindest bei mir die Botschaft „Ich bin das Original!" an. Denken Sie nur einmal an die alten Bilder zur Weihnachtszeit, die einen rot beleuchteten Truck und einen älteren Weihnachtsmann zeigen. Auch die Originalglasflasche mit den Erhebungen im Glas wurde nur immer mal wieder minimal angepasst, um den Wiedererkennungseffekt zu erhalten. Gleiches gilt für die blaue runde Nivea-Dose, die fast auf der ganzen Welt ähnlich aussieht.

Wie sieht es aus mit den Tempo-Taschentüchern? Hier ist das Unterscheidungsmerkmal in jedem Fall die Qualität. Wenn ich als Konsument bereit bin, für ein Tempo mehr als für ein herkömmliches Papiertaschentuch auszugeben, dann in jedem Fall wegen der gut platzierten Werbebotschaft. Die Werbung macht mir immer wieder deutlich, dass ich meiner sowieso schon roten Schnupfennase nur noch ein besonders weiches Taschentuch zumuten darf und ich außerdem davon ausgehen kann, hinterher mit einer fusselfreien Nase die Erkältung schon abklingen zu fühlen.

So weit zur Werbung! Ganz entscheidend ist allerdings auch, dass das einmal im Einkaufswagen geparkte Produkt auch tatsächlich die von der Werbung kommunizierte Botschaft einhält – sonst wird es kein zweites Mal im Einkaufwagen landen, und der Weg zur echten Marke ist beendet, bevor er beschritten ist.

Und jetzt zu Ihnen! Was macht Sie einzigartig? Denken Sie jetzt „Was für ein Quatsch, jeder Mensch ist ersetzbar!" und überhaupt „Man sollte sich doch nicht so wichtig nehmen!"? Dann möchte ich Ihnen an dieser Stelle vehement widersprechen. Nehmen Sie sich wichtig, sonst sind Sie tatsächlich schnell ersetzbar.

Markenmacher nennen die Einzigartigkeit ihres Produktes die USP, wie bereits erwähnt. Da viele Menschen von sich sagen: „Das, was ich kann, ist vielleicht gut, aber keineswegs einzigartig, das können andere auch!", nenne ich den USP der Marke „ICH" eher das Allein- oder Herausstellungsmerkmal. Beide Begriffe werde ich nachfolgend synonym benutzen.

In den nächsten Kapiteln werden wir gemeinsam der Frage nachgehen, was genau Ihr persönliches Herausstellungsmerkmal ist. Wie Sie diesem Merkmal auf die Spur kommen und wie Sie es so etablieren und positionieren können, dass mittelfristig keiner mehr an Ihnen vorbeikommt. Wäre das nicht schön, wenn Sie mit Ihren Stärken und Ihrem Können eine Nachfragewirkung erzielen? Nachfrage nach Ihnen und Ihrem Können? Dann müssen Sie nicht um den nächsten Karriereschritt oder das nächste Projekt bitten, sondern Sie werden gebeten. Und das fühlt sich doch deutlich besser an, als Bittsteller zu sein! Um einen regelrechten Nachfragesog zu entfachen, braucht es Klarheit in vielen Bereichen. Klarheit über Ihre Stärken, Ihren Fokus und über Ihre Entwicklung. Die gute Botschaft ist, dass das meiste bereits in uns schlummert. Es gilt, den Schatz zu heben! Wie das gehen kann, verrate ich Ihnen in Ihrer Toolbox in Kap. 3. Hier erwartet Sie die Möglichkeit, mit der MARKE-Strategie Ihre konkrete Marke „ICH" zu entwickeln und zu etablieren. Setzen Sie **m**utig Ihr **A**lleinstellungsmerkmal mit Ihren **R**essourcen und **K**ompetenzen **e**in, um Ihre Marke „ICH" zu entwickeln und zu positionieren.

M steht für Mut

Es braucht Mut, um sich aus der allgemeinen Masse herauszubewegen ins Rampenlicht. Was hindert uns daran, uns zu trauen? Ängste kann man überwinden und Stress in den Griff bekommen. Dazu braucht es allerdings eine individuelle Auseinandersetzung mit beiden Themen.

Machen Sie es sich bequem, legen Sie Schreibwerkzeug bereit, und los geht es in Kap. 3! Kommen Sie Ihren inneren und äußeren Hürden auf die Spur und entwickeln Sie Ihre persönliche Erfolgsstrategie.

A steht für Alleinstellungsmerkmal

Alleinstehen kann manchmal sehr erfolgreich sein. Wir verlieren oftmals den Fokus, wenn wir versuchen, allen Erwartungen gerecht zu werden. Wir befinden uns im Hamsterrad, sammeln Fleißkärtchen und verlieren unsere echten Stärken aus dem Blick. Diese Stärken wieder mehr in den Blick zu nehmen und auszubauen macht Spaß und führt zum Erfolg! Stellen Sie sich einmal vor, dass man gleich an Sie denkt, wenn diese Stärke nachgefragt wird. Dann haben Sie es geschafft und sich positioniert. Dahin kann und soll die Reise gehen.

R für Ressourcen

Beim „R" der MARKE-Strategie wird es darum gehen, welche Ressourcen Sie nutzen können, um Ihre Stärken erfolgreich zu platzieren und auszubauen. Viele Menschen sagen von sich, dass sie nicht gern im Mittelpunkt stehen und keine guten Netzwerker sind. Dabei ist es gar nicht so schwierig, das ABC des Netzwerkens zu beherrschen. Wir gehen gemeinsam der Frage nach, wer in das Netzwerk gehört und wie es Ihnen gelingt, Ihr Netzwerk zu aktivieren und auszubauen.

K für Kompetenz

Kompetenz und Stärken liegen eng beieinander. Um Ihre Kompetenz auszubauen, können Sie von anderen lernen und gezielt Feedback einholen. Wie das „Modelling" funktioniert und welches Feedback wirklich wertvoll ist, dazu mehr unter „K" der MARKE-Strategie:

E für Einsatz

Einsatz und Engagement braucht es, um weiterzukommen. Das wissen wir und trotzdem fällt es uns manchmal schwer, ins Rampenlicht zu treten, wenn es darauf ankommt. Hier hilft gute Vorbereitung. Mit dem Elevator Pitch und Ihrem Radiospot sind Sie bestens gerüstet. So kommt keiner mehr an Ihnen vorbei!

Wenn Sie Ihre Toolbox bearbeitet haben und Ihre persönliche Marke „ICH" sich immer mehr etabliert, dann gilt es; Pläne zu schmieden, damit Sie Ihr Ziel im Blick behalten und Kurs nehmen. Dazu mehr in Kap. 6, das gleichzeitig ein Anfang ist. Ein Anfang auf dem Weg zur Marke. Wäre das nicht schön, wenn man zukünftig über Sie sagt:

„_____(Ihr Name)? Ja, die/den kenne ich gut! Das ist unser Mercedes unter den _____(Ihre Profession)" ☺

1

Warum wir von Markenmachern lernen sollten

Hier entsteht eine Marke

Wir müssen das, was wir denken, auch sagen,
Wir müssen das, was wir sagen, auch tun,
Wir müssen das, was wir tun, auch sein

Elektronisches Zusatzmaterial
Die Online-Version für das Kapitel (https://doi.org/10.1007/978-3-658-21702-0_1) enthält
Zusatzmaterial, das berechtigten Benutzern zur Verfügung steht. Oder laden Sie sich zum Streamen der
Videos die „Springer Nature More Media App" aus dem iOS- oder Android-App-Store und scannen Sie
die Abbildung, die den „Play button" enthält.

© Springer Fachmedien Wiesbaden GmbH, ein Teil von Springer Nature 2018
A. Mahlstedt, *Ihr Weg zur Marke „ICH"*,
https://doi.org/10.1007/978-3-658-21702-0_1

Diese Worte[1] stammen von Alfred Herrhausen, dem Deutschbanker und Vordenker.

Als er 1989 dem Bombenattentat der RAF zum Opfer fiel, hatte ich gerade meine Ausbildung bei der Deutschen Bank in Hamburg beendet. Und seine Worte klangen für mich so:

> und darum müssen wir das, was wir tun, auch zeigen
> nach außen, nach innen, im offenen Reigen
> und darum müssen wir das, was wir tun, auch zeigen,
> es wird sonst ganz im Verborgenen bleiben
> lasst uns mutig sein
> ohne Schein
> zeigen, was wir können
> andern auch was gönnen, ganz klar
> lasst uns mutig sein
> lasst uns sagen, was wir denken,
> das kann und soll die Richtung lenken
> lasst uns sagen, was wir denken –
> nur achte auf Deine Worte
> Worte dividieren, können den anderen verlieren
> Worte können Brücken bauen, das schafft Vertrauen
> wähle eine Art der Worte, die die Menschen überzeugt
> die Art der Worte, die bleibt, Zweifel vertreibt,
> inspiriert, kreiert und manchmal auch verführt
> verführt, die Zwänge zu verlassen, Neues in das Licht zu lassen
> lasst uns tun, wovon wir träumen,
> lasst uns tun, wovon wir träumen,
> damit wir nicht das Wichtigste versäumen
> und bereuen, weil wir uns scheuen
> und bereuen, weil wir nicht taten, wovon wir träumten und versäumten
> und darum müssen wir das, was wir tun, auch zeigen, beschreiben,
> mit wohl gewählten Worten, die zu merken Deiner würdig sind –
> merk-würdig sind!

1.1 Wir sind Werbeboten und Believer

Markenmacher machen Marken und entwickeln Brands. Die Bekanntheit und die Einzigartigkeit helfen dem Produkt, aus der Masse herauszustechen und im optimalen Fall, einen echten Nachfragesog zu erzeugen.

Wäre das nicht schön, wenn wir dieses Wissen auf uns selbst und unsere Leistung übertragen könnten? Wäre das nicht schön, wenn Sie

---

[1] http://www.sueddeutsche.de/wirtschaft/alfred-herrhausen-der-gute-mensch-aus-dem-bankenturm-1.128149.

sich so positionieren, dass Sie mit Ihrer Leistung und Ihrem Können einen echten Nachfragesog entfachen? Wäre das nicht schön, wenn es auf einmal heißt: „Mensch, Frau Meier oder Herr Müller, das ist doch unser Stern am Projektleiterhimmel. So klar wie die/der die Organisation führt, die Meilensteine im Blick hat und dabei auch noch gut mit den Widerständen umgeht! Klasse, dass wir diesen Projektleiter für uns gewinnen konnten."

Sie können das Wissen der Markenmacher auf Ihre Positionierung und auf Ihre Marke „ICH" übertragen. Dabei ist es ganz egal, ob Sie selbstständig tätig sind oder sich im Angestelltenverhältnis befinden. Es ist egal, ob Sie Mitarbeiter oder Führungskraft sind. Und es ist ebenfalls nicht entscheidend, ob Sie in der Markenartikelindustrie oder in einer Branche tätig sind, die wenig mit der klassischen Konsumgüterindustrie zu tun hat.

Die gute Botschaft gleich zu Beginn des Buchs: Das meiste dazu ist schon in uns angelegt. Kennen Sie die Aussage „Na, Du bist mir ja `ne Marke!"? Ich kenne diese ganz gut. Meine Oma sagte das zu mir, und zwar immer dann, wenn ich mit irgendetwas aus dem Rahmen gefallen war. Wenn ich mich nicht an Regeln gehalten habe und sich das Ergebnis trotzdem sehen lassen konnte.

Kennen Sie das, wenn Sie etwas erreichen, und sich das im Nachhinein sehr leicht anfühlt? Sie haben das Gefühl, dass Sie das Ergebnis fast spielerisch geschafft haben, und Sie können sich darüber amüsieren und auch richtig freuen! Dann passt doch dieser Spruch: „Na, Du bist mir ja `ne Marke!" Und das, was seit Kindertagen schon angelegt ist, gilt es, jetzt wieder an die Oberfläche zu holen und wieder bewusst einzusetzen.

Dabei lohnt es sich, den Markenmachern einmal etwas genauer auf die Finger zu schauen und von ihrem Wissen zu profitieren. Wie gelingt es den Markenmachern, uns dazu zu bewegen, für eine Marke mehr auszugeben als für ein vergleichbares No-Name-Produkt?

Bitte halten Sie beim Lesen des Buches einmal inne. Blicken Sie an sich hinunter und beantworten für sich die folgenden Fragen:

Welche Marken tragen Sie gerade? Welche Kleidung tragen Sie? Welches Aftershave oder Parfum haben Sie heute morgen aufgelegt? Welches Handy nutzen Sie? Zeigt Ihre Tasche evtl. ein Markenlogo? Welche Marken sind um Sie herum versammelt? Und wenn Sie dieses Buch vielleicht gerade in der Öffentlichkeit statt zuhause lesen, vielleicht in der Bahn oder in einem öffentlichen Gebäude: Sind es dann nicht gerade diese Marken, für die Sie gerade Markenbotschafter sind? Sie agieren also als Markenbotschafter, machen aktiv Werbung für die von Ihnen gewählten Marken und verdienen damit noch nicht einmal einen einzigen Cent. Ganz im Gegenteil, Sie haben für das von Ihnen gewählte Produkt vermutlich sogar mehr bezahlt, als Sie sich für Markenware entschieden haben. Viele von uns sind bereit, für ein Markenprodukt mehr Geld auszugeben als für ein vergleichbares No-Name-Produkt.

Warum tun wir das? Uns ist das häufig nicht bewusst, doch mit dem Griff zur Marke kaufen wir Sicherheit. Wir glauben dem Markenversprechen, Wir alle sind „Believer". Das kann ein Qualitätsversprechen sein oder ein emotionales Versprechen. Das lässt uns möglicherweise glauben, dass wir begehrenswert, attraktiv oder professionell wirken, wenn wir uns in und mit dieser oder jener Marke präsentieren.

Ein Boss-Anzug verleiht einen würdigen Auftritt – das kann sogar so weit gehen, dass die Herren das außen am Arm angenähte Etikett gar nicht mehr abschneiden. Soll doch jeder sehen, dass ich es mir leisten kann!

Gleiches gilt für Marken, die gleichzeitig als Statussymbole dienen. Welche fallen Ihnen da zuallererst ein?

Bei Automarken ist das Feld klar besetzt. Doch nicht nur hier greift das Statusspiel. Auch der edle Füllhalter mit der Goldfeder oder das Markenhemd oder die Markenschuhe verraten die entsprechende Herkunft. Hier vielleicht sogar als Nischenprodukt, so dass nur Eingeweihte sich gegenseitig erkennen.

Übertragen auf Ihre Marke „ICH" muss die Frage also lauten: Was können Sie tun, damit andere an Ihre Leistung glauben? Damit andere zu Believern werden und in Sie und Ihre Persönlichkeit investieren?

Was können Sie tun und wie müssen Sie sich positionieren, damit andere zu Ihren Werbeboten werden? Wann haben Sie das Ziel erreicht? Doch dann, wenn es der Ritterschlag ist, mit Ihnen gemeinsam in einem Projekt zu arbeiten. Wenn es heißt: „Frau Meier oder Herr Müller, der ist Projektleiter bei diesem schwierigen Thema. Damit wissen wir es in sicheren und guten Händen … oder damit ist sichergestellt, dass die Meilensteine zeitlich eingehalten werden … "

Wir sind oftmals also bereit, für ein Markenprodukt deutlich mehr Geld auszugeben als für ein vergleichbares No-Name-Produkt. Wir machen das bewusst, wenn wir wissen, dass wir bei dieser Marke für besondere Langlebigkeit oder besonders ausgereifte Qualität zahlen. Oder weil wir wissen, dass gerade dieses Produkt besonders hip ist oder die Technologie ganz neu entwickelt und damit State of the Art.

Haben Sie sich und Ihr Können als Marke etabliert, dann ist man auch bereit, Sie und Ihre Leistung entsprechend hochpreisig zu vergüten. Die Frage ist nur, ist dies bekannt und haben Sie sich entsprechend etabliert? Dabei hilft Ihnen das Wissen, wie Marken gemacht und zu echten Brands positioniert werden.

Eine Marke verspricht Qualität und hält dieses Qualitätsversprechen. Dafür ist der Verbraucher dann ja auch bereit, tiefer in die Tasche zu greifen. Dieses Versprechen ist natürlich schwierig in vielen Feldern abzuliefern. Wo genau wollen Sie dieses Qualitätsversprechen abgeben und auch halten?

1.2   Wir werden lieber gebeten, als dass wir bitten

Wenn wir uns als Marke etabliert haben, dann werden wir gebeten. Wir werden zur Mitarbeit an dem neuen Projekt gebeten, unsere Expertise wird nachgefragt und uns wird die neue Position angetragen. Da wollen wir hin. Grundsätzlich ist es doch so, dass wir lieber gebeten werden, als dass wir bitten.

In vielen Hochglanzbroschüren wird in blumiger Sprache die angestrebte Unternehmenskultur beschrieben. Häufig ist die Entstehungsgeschichte der Broschüre langwierig und teuer und ist unter Mitarbeit vieler externer Berater entstanden. Da ist zu lesen, dass eine Fehlerkultur angestrebt wird und Mitarbeiter aufgefordert werden, um Hilfe und Unterstützung zu bitten. Ich kenne aus meiner Beratertätigkeit allerdings kaum ein Unternehmen, in dem die Inhalte der Broschüre tatsächlich gelebte Praxis sind. Diese Broschüren landen dann in Schubladen. Fragt man nach Infoveranstaltungen zu den abgedruckten Unternehmensleitlinien die Mitarbeiter, welche Kultur denn jetzt gelebt werden soll, dann erntet man häufig nur ein unsicheres Lächeln und man erinnert sich an maximal zwei der zehn Leitsätze.

„Fragen und um Hilfe bitten", das macht kaum jemand wirklich gern, weil uns das unsicher erscheinen lässt – meinen wir zumindest. Wir bitten nicht gern, sondern lassen uns lieber bitten. Das gilt sowohl bei Männern als auch bei Frauen. Ich muss oft im privaten Kontext schmunzeln, wenn es darum geht, nach dem Weg zu fragen. Da tun sich meiner Wahrnehmung nach Männer doch deutlich schwerer als Frauen. Lieber dreimal verfahren als einmal anhalten und nachfragen, so die Devise. Aber auch Frauen sind nicht gern Bittsteller. Sie bieten lieber ihre Hilfe an, als um Hilfe zu bitten. Umso mehr gilt dies, wenn es um den nächsten Karriereschritt geht. Auch hier bitten sie nicht gern, sondern wollen gebeten werden. Damit tun sich meines Erachtens nach Frauen deutlich schwerer als Männer. Männer sehen eher noch einen Wettbewerb, den sie schätzen. Und wenn es dann doch nicht so läuft wie gewünscht, schieben sie es eher auf den guten Mitbewerber, die Rahmenbedingungen oder den Entscheider, der eben doch nicht so kompetent war. Frauen bewerten solch eine Situation anders. Sie suchen den Fehler oder das gefühlte Versagen eher bei sich als in den Rahmenbedingungen. Und da das so ist, vermeiden sie dieses Bitten um den nächsten Karriereschritt, wenn möglich. Sie lassen sich eher bitten. Denn seinen Hut in den Ring für eine Beförderung zu werfen ist immer eine Entscheidung unter Unsicherheit. Wir wissen nicht, ob wir den Zuschlag bekommen, und auch nicht, ob wir uns in dem neuen Umfeld wirklich bewähren.

Daher möchte ich mit Ihnen gemeinsam im dritten Teil (dazu mehr in Kap. 3) des Buchs Ihre MARKE-Strategie etablieren, die Ihnen dabei hilft, dass Sie in Zukunft gebeten werden. Wir werden uns mit der Frage beschäftigen, wie es uns gelingen kann, einen Nachfragesog nach unserer Leistung und unserem Können zu erzeugen. Was braucht es dazu und wie schaffen wir es, uns als Marke „ICH" zu etablieren?

1.3   Wir lassen uns unbewusst steuern

Kaufentscheidungen treffen wir häufig unbewusst. Generell haben unsere Emotionen bei unserem Entscheidungsverhalten einen sehr hohen Anteil. Glauben Sie nicht? Gehören Sie zu den Menschen, die sehr analytisch unterwegs sind und eher Pro-und Kontra-Listen schreiben, bevor sie eine Investition tätigen? Wie oft haben Sie diese Liste links liegen lassen und in letzter Konsequenz Ihrem Bauchgefühl vertraut? Dieses Verhalten führt nachhaltig zu den besseren Entscheidungen oder den Entscheidungen, die uns zufriedener sein lassen. Das beschreibt Maja Storch in ihrem Buch „Das Geheimnis kluger Entscheidungen" sehr eingängig. Bisher gingen Forscher davon aus, dass wir bei unseren Entscheidungen eher kognitiv vorgehen, als uns auf unsere Emotionen zu verlassen. Das menschliche Gehirn verarbeitet sowohl Fakten als auch Emotionen, und die Emotionen werden in erster Linie körperlich erlebt. Das Unbewusste entscheidet immer mit, insofern sind unsere Entscheidungen nicht immer nur an das Bewusstsein gekoppelt. Mit bewussten Vorgängen sind Vorgänge gemeint, über die wir Auskunft geben können.

Wenn ich Sie also frage, warum Sie sich gerade für diesen Anzug entschieden haben, dann antworten Sie mir vielleicht, weil er ganz besonders gut sitzt oder Sie die Farbe sehr mögen. Das ist Teil der bewussten Entscheidung. Über unbewusste Anteile können wir nicht so gut Auskunft geben. Also z. B. das Tragegefühl, das dieser Anzug bei uns hinterlassen hat. Fühlt er sich an wie eine zweite Haut? Verhilft er Ihnen zu gefühlter Souveränität? Haben Sie sich schon so bekleidet in dem nächsten Verhandlungsgespräch erfolgreich den Raum verlassen sehen? Der unbewusste Anteil ist von den Gefühlen geprägt, die dieses Produkt in uns auslöst.

Bei Konsumgütern geht das manchmal rasant schnell: Wir greifen zum Produkt im Supermarktregal, weil wir an das Werbeversprechen glauben, ohne dass wir es uns beim Kauf noch einmal deutlich vor Augen führen.

Stellen Sie sich einmal an einem Sonnabendmorgen bei Ihrem Wocheneinkauf vor. Ausgeschlafen und gut gelaunt schlendern Sie an den Regalen des Supermarkts Ihres Vertrauens vorbei. Und den Einkaufszettel abarbeitend greifen Sie mal nach rechts und mal nach links ins Regal. Angenommen, auf Ihrer Liste steht „Margarine" ganz oben. Was landet dann bei Ihnen im Einkaufswagen? Ist Ihnen die sonntägliche Harmonie besonders wichtig, weil Sie gerade pubertierende Kinder zu Hause versorgen und Sie die Zeit, in der Eltern „komisch" werden, gerade besonders hautnah erleben? Dann bezahlen Sie vielleicht an der Kasse für die Marke Rama. Oder haben Sie sich vorgenommen, niemals dick zu werden, so wie es die Werbung der Lätta verspricht? Was also landet in Ihrem Einkaufskorb? In den meisten Fällen greifen wir nicht wirklich bewusst zu dem Produkt, die Entscheidungsprozesse laufen schnell und unterbewusst ab. Wir fühlen uns mit allen Sinnen angesprochen, und schon funktioniert der Griff ins Regal oder in die Tiefkühltruhe.

Denken Sie einmal an die Langnese Eiscremewerbung. Vielen von uns kommt der Song doch sehr bekannt vor. Wie ein alter Bekannter, ein Lied, mit dem wir sogleich Sommerfeeling, Strand und Sonne assoziieren. Das Lied allerdings gab es vorher noch nicht, es ist einzig zu Werbezwecken für Langnese komponiert worden. Und was schafft dieser Song? Er schafft es, in uns Gefühle zu wecken. Gefühle, die wir noch etwas länger genießen wollen, und deshalb greifen wir zu. Gehören Sie noch zu der Generation, in der die Eiscremewerbung zum Kinobesuch dazugehörte wie der Vorfilm? Zwischen

---

Übung 1.1.: Entscheidungsverhalten

Bitte suchen Sie sich für die nachfolgenden Fragen möglichst konkrete Beispiele aus Ihrem beruflichen und Ihrem privaten Umfeld, bevor Sie die Fragen dann so konkret wie möglich beantworten.

Wie ist mein Entscheidungsverhalten?

_____

_____

_____

_____

_____

Welche Gedanken prägen mein Entscheidungsverhalten, wenn ich Konsumgüter kaufe?

_____
_____
_____
_____
_____
_____

Von welchen Emotionen lasse ich mich leiten?

_____
_____
_____
_____
_____

Wie ist mein Entscheidungsverhalten im beruflichen Kontext?

_____
_____
_____
_____

Welche Gedanken prägen meine Entscheidungen?

_____
_____
_____
_____
_____

Von welchen Emotionen lasse ich mich leiten?

_____
_____
_____
_____

Wie verhalte ich mich bei Entscheidungen unter Unsicherheit?

_____
_____
_____
_____
_____

Vorfilm und Hauptfilm kamen erst die Musik und dann der Eisverkäufer. Und es konnte mitten im regnerischen Herbst oder kaltem Winter sein, die Musik löste sofort positive Assoziationen aus, der Eisverkauf florierte.

Neben dem Qualitätsversprechen schafft es die Produktwerbung, in uns Emotionen zu wecken. Wäre es nicht schön, wenn wir dieses Wissen dazu nutzen könnten, um auch für uns selbst positive Qualitätsversprechen auszusenden und bei anderen positive Emotionen zu verankern? Positive Emotionen, die verbunden sind mit uns als Person, mit unserer Leistung und mit unserer Kompetenz.

Wer von Ihnen jetzt vielleicht kritisch einwendet: „Das ist doch Manipulation", dem sei hier Entspannung gegönnt. Es geht nicht darum, „falsche Versprechungen" zu machen, sondern darum, das, was in Ihnen steckt und was Sie zu bieten haben, lediglich positiv zu verankern.

Apple wäre langfristig nicht so erfolgreich geworden und geblieben, hätten die Markenversprechen sich als falsch herausgestellt. Heute, auch in der Generation nach Steve Jobs, schafft es Apple immer noch regelmäßig, einen solchen Nachfragesog nach seinen Produkten zu erzeugen. Menschen kampieren schon vor Geschäftsöffnung, nur um bei den Ersten zu sein, die das heiß ersehnte neue Produkt in Händen halten.

Es geht also darum, positive Emotionen zu verankern. Ihre Marke „ICH" mit positiven Emotionen zu belegen, sodass keiner mehr an Ihnen vorbeikommt.

Wir selbst sind stetig diesen Einflüssen ausgesetzt, nicht nur in der Werbung. Denken Sie z. B. an einen Ihrer letzten Urlaube, der besonders schön war. Wie geht es Ihnen, wenn Sie zufällig die Musik, die am Strand oder bei der abendlichen Party regelmäßig gespielt wurde, zu Hause hören? Das kann bei einer ganz alltäglichen Tätigkeit sein und trotzdem haben wir gleich positive Emotionen.

Denken Sie an die Musik, die „Ihre" Musik ist, bei der Sie sich einmal verliebt haben. Sind Sie noch verliebt, dann weckt diese Musik gleich wieder positive Gefühle in Ihnen. Sollten Sie aber nicht mehr verliebt sein und ungern an den ehemaligen Partner zurückdenken, dann ruft dieselbe Musik eine ganz andere Art der Emotion in Ihnen hervor. Unser Unterbewusstes und unsere Erfahrungen haben einen großen Einfluss auf unsere Gefühlswelt. Dies zu wissen ist wichtig, wenn Sie sich mit Ihrer eigenen Marke auseinandersetzen. Welche Emotionen möchten Sie bei anderen verankern, was möchten Sie ausstrahlen? Sicherheit, Verlässlichkeit, positive Energie, das Gefühl, dass Sie Dinge in Bewegung bringen können, dass es Spaß macht, mit Ihnen zusammenzuarbeiten, dass Sie vorausschauend denken, dass Sie mutig sind ...

Und woran erkennt Ihr Umfeld diese Eigenschaften? Wie genau strahlen Sie das aus? Dazu noch einmal ein kleiner Ausflug in die Produktwelt: Lassen Sie uns noch einmal gemeinsam an einem Supermarktregal entlanggehen.

Und dieses Mal wagen Sie mit mir das Experiment, dass Sie selbst als ein Produkt im Regal liegen. Nur für einen kurzen Moment liegen Sie dort, als Schokoriegel oder Soft Drink.

- Welches Produkt möchten Sie bei diesem Experiment sein? Kosmetikprodukt oder Gourmetsauce?
- Und wenn Sie sich entschieden haben, dann überlegen Sie, wie Sie um die Kaufgunst der Kunden buhlen. Wie werden Sie im Regal präsentiert?
- Sieht man Sie sofort oder erst auf den zweiten Blick?
- Erkennt man als Käufer Ihre besonderen Eigenschaften sofort oder, wenn überhaupt, erst wenn man das „Kleingedruckte" gelesen hat?
- Präsentieren Sie sich hochpreisig oder versuchen Sie, sich im Niedrigpreissegment zu platzieren?

Das sind Fragen, die die Markenmacher beantworten, bevor sie ein neues Produkt auf den Markt bringen. All diese Fragen lassen sich auch auf Ihre persönliche Marke „ICH" übertragen.

Ist das, was Sie auszeichnet, was Sie besonders gut können und Ihr persönlicher Mehrwert ist, für andere erkennbar und präsent?

1.4   Wir sind erfolgreich und glücklich, wenn wir leidenschaftlich sind

Nicolas Chamfort sagte einmal: „Durch die Leidenschaft lebt der Mensch, durch die Vernunft existiert er bloß."[2] Und wenn wir ehrlich zu uns sind, dann sind doch viele von uns meistens sehr vernünftig. Wurde uns doch auch schon von Kindheit an gepredigt: „Nun sei doch vernünftig!" oder es fiel der erleichterte Satz: „Endlich bist Du vernünftig!" Vielleicht haben Sie auch öfter die Bitte gehört: „Nun lass uns doch mal in Ruhe und ganz vernünftig darüber nachdenken!" Kennen Sie das? Da wird ein großer und wichtiger Teil in uns beschnitten! Der Teil der Leidenschaft und der Emotion. Chamfort wirbt dafür, sich seiner Leidenschaften bewusst zu werden und diese zu leben und ihnen Raum zu geben. Ich bin davon überzeugt, dass wir erst dort, wo die wir uns mit Leidenschaft betätigen, Höchstleistungen erreichen und damit

---

[2] https://www.aphorismen.de/zitat/4531

wirkliche Qualität produzieren. Und wer schon einmal seinem Tun in voller Leidenschaft nachgegeben hat und einen echten Flow erlebt hat, für den hört sich der Satz von Chamfort dann vielleicht auch so an: „In der Leidenschaft lebt der Mensch, im Mittelmaß existiert er nur."

Der Begriff „Flow" stammt vom Glücksforscher Mihály Csíkszentmihályi.[3] Er beschreibt damit das Gefühl des völligen Aufgehens in einer Tätigkeit. Wir erleben dann den Moment der Tätigkeit ganz bewusst mit allen Sinnen, eine Ablenkung dringt nicht zu uns durch. Unser Fühlen, Wollen und Denken sind in völliger Übereinstimmung. Wir verlieren unser Zeitgefühl, und unser Tun erscheint uns erfüllend und mühelos.

Flowzustand

Csíkszentmihályi beschreibt, dass folgende Rahmenbedingungen für einen Flow-Zustand begünstigend wirken, wobei nicht alle gleichzeitig erfüllt sein müssen:

- Wir fühlen uns der Aufgabe gewachsen und bringen die notwendigen Kompetenzen für die Bewältigung mit.
- Wir können uns vollumfänglich auf unser Tun konzentrieren.
- Wir haben ein klares Ziel vor Augen und wissen, was wir tun müssen, um dieses Ziel zu erreichen.
- Wir haben das Gefühl von Kontrolle. Dabei ist es nicht entscheidend, ob wir wirklich die Kontrolle über unser Tun haben. Viel wichtiger ist das Gefühl, unser Tun kontrollieren zu können, damit wir Sicherheit verspüren.
- Wir haben uns selbst nicht im Fokus während unseres Tuns. Wir denken nicht über uns nach, sondern sind einfach.
- Unser Zeitgefühl geht verloren. Wir haben das Gefühl, dass die Zeit nur so verfliegt.

Diese Bestandteile gelten als hilfreiche Rahmenbedingungen, sowohl für unsere Arbeitstätigkeit als auch für unsere Sportaktivitäten, Partnerschaften, Hobbys. Wenn wir uns ganz auf etwas konzentrieren und wir ganz in unserem Tun aufgehen, dann erzeugt das Glücksgefühle, die uns zum Weitermachen animieren. Was schön ist, davon wollen wir mehr. Wenn wir mehr wollen, dann setzen wir uns noch intensiver damit auseinander, und dann liegt es nahe, dass wir uns in den Bereichen, die uns mit echter Leidenschaft erfüllen, Meister unseres Fachs werden.

---

[3] Mihály Csíkszentmihályi (sprich Tschik Sent Mihaji) wurde 1934 als Sohn einer ungarischen Familie in Italien geboren. Csíkszentmihályi ist Direktor des Quality of Life Center und Professor für Unternehmensführung an der Claremont Graduate University in Kalifornien. Er wurde weltweit bekannt, als er erstmals das Flow-Phänomen beschrieb, und gilt als führender Glücksforscher.

Ich selbst kann mich das erste Mal an einen solchen Flow-Zustand im beruflichen Kontext im Rahmen einer Fortbildung erinnern. Das Setting war sehr entspannt. Ich war Teilnehmerin einer Trainerfortbildung in einem sehr gemütlichen abgeschiedenen Ort, hoch auf einem Berg gelegen mit echtem Weitblick. Wir hatten die Aufgabe, am Abend ein Konzept zu entwickeln, das wir am nächsten Tag der Runde vorstellen sollten, um Feedback von den anderen Teilnehmern und vom Ausbildungsleiter einzuholen. Ich hatte schon länger über das Workshopkonzept im Vorfeld nachgedacht, doch so richtig wollte mir kein Inhalt aus der Feder bzw. Tastatur fließen. Hier nun, an diesem entspannten Ort und in der entspannten Atmosphäre, kam alles ganz von selbst ins Fließen. Ich sah auf einmal die Struktur bildlich vor mir, konnte mir die Reaktion meiner Teilnehmer vorstellen und das erreichte positive Ergebnis fühlen. Das Konzept dann aufs Papier zu bringen war eine leichte Übung, die mich mit einem Hochgefühl erfüllte. Dieses Gefühl versuche ich seitdem, immer wieder bei meiner Arbeit zu erreichen. An diesem Abend habe ich Raum und Zeit vergessen und bin ganz in meine Arbeit abgetaucht. Allein das Schaffen dieses neuen Konzepts hat mich mit solcher Vorfreude erfüllt, dass ich es kaum abwarten konnte, es meinen Mitstreitern vorzustellen und später auch in die Praxis umzusetzen. Die Umsetzung war dann ein echtes Highlight. Noch heute glaube ich, dass es in erster Linie nicht daran lag, dass der Inhalt so neu und richtungsweisend war, sondern dass die Teilnehmer meine wirkliche Leidenschaft für das Thema und mein Tun gespürt haben.

Übung 1.2.: Flow

Wann hatte ich im beruflichen oder privaten Kontext schon einmal ein Flow-Erlebnis?

_____

_____

_____

_____

_____

_____

Wie hat sich das angefühlt?

_____
_____
_____
_____
_____
_____

Wie war das Ergebnis?

_____
_____
_____
_____
_____

Welche Rahmenbedingungen brauche ich, um möglichst wenig Ablenkung zu haben?

_____
_____
_____
_____
_____

Was kann ich daraus für zukünftige Tätigkeiten für mich ableiten?

_____
_____
_____
_____
_____

Wer kann mich bei der Umsetzung unterstützen?

_____
_____
_____
_____
_____
_____

Weiterführende Impulse und Fragestellungen finden Sie in meinem Podcast „Karrieretipps to go" zum Thema „eigenen Stärken auf die Spur kommen". Scannen Sie dazu den nachfolgenden QR-Code, und Sie erhalten direkten Zugang zum Video. Die dazu gehörige Karrierekarte gibt es für Sie außerdem zum Download auf www.mahlstedt-tcc.de

EIGENEN STÄRKEN
auf die Spur kommen

Welche Tätigkeit lieben Sie so sehr, dass Sie sie auch unbezahlt ausführen würden?

Welche Tätigkeiten genießen und schätzen Sie, unabhängig vom Urteil anderer Menschen?

Bei welchen Tätigkeiten verlieren Sie manchmal ganz die Zeit aus den Augen?

Welche Herausforderungen hatten Sie in der Vergangenheit zu bewältigen und wie haben Sie diese gemeistert?

Wenn Sie etwas unterrichten würden, was wäre das?

Was hat Sie in Ihrem beruflichen Umfeld so verletzt, dass Sie auch andere Menschen davor bewahren möchten?

Worauf sind Sie stolz?

KARRIERETIPPS TO GO

Mahlstedt • TRAIN[...] • COACHING • CONSULTING

▶ https://www.youtube.com/watch?v=k37fqKslgbl&feature=youtu.be

Sich selbst in solch einen Flow-Zustand zu versetzen und seine Leidenschaften wirklich zu leben, bleibt für viele Menschen leider immer noch ein großer Traum. Viel zu viele Einwände und selbst ausgesprochene Verbote behindern uns auf dem Weg dorthin. Schon früh lernen wir, uns auf unsere Defizite zu konzentrieren statt auf unsere Stärken. So werden wir mittelfristig zu „eierlegenden Wollmilchsäuen". Wir können alles ein bisschen, aber nichts so wirklich herausragend gut. Wir sind glücklich im Mittelmaß, sind häufig ein nicht gefährlicher Kompromiss. Wir können uns oftmals nicht entscheiden. Wir können uns nicht entscheiden, ob wir rechts oder links herum gehen sollten, also bleiben wir lieber in der Mitte stecken. Wir lieben es nicht zu heiß und nicht zu kalt, also am besten lauwarm. Wir wollen nicht anecken und bedienen die Erwartungen anderer. Dafür zahlen wir einen hohen Preis. Wir verlieren uns und unsere Leidenschaften aus den Augen.

Wir verharren im Durchschnitt, versinken im Mittelmaß und wundern uns, warum wir beim nächsten Auftrag oder bei der nächsten Beförderung wieder nicht berücksichtigt werden.

Und das ist leider auch schon recht lange in uns angelegt. Ich kann mich noch an regelmäßige Mathematikübungen in der Grundschulzeit erinnern. Da hieß es aufstehen, und setzen durfte sich nur derjenige, der die Lösung der großen Einmaleins-Aufgabe als schnellster Rechner wusste. Eigentlich war ich nicht schlecht im Kopfrechnen, nur stellte sich ein ungutes Gefühl ein, wenn die stehenden Reihen immer übersichtlicher wurden. Dieses Ereignis hat sich so eingeprägt, dass ich mich noch heute daran erinnern kann. Was damals geübt wurde, ist in meinen Augen nicht Kopfrechnen, sondern Stress-Resilienz. Wer also in dieser angespannten Wettbewerbssituation entspannen konnte und einen kühlen Kopf bewahrte, der kam auch leichter zum Ergebnis. Das wurde mir allerdings als junge Schülerin nicht klar und wurde leider auch nicht vermittelt. Heute eine Fähigkeit, die sicher wünschenswert ist. Statt allerdings am Thema „Stress-Resilienz" und „Glauben an sich selbst" zu arbeiten, wurden die Schüler, die nicht zu den schnellsten Rechnern unter den stressigen Rahmenbedingungen gehörten, mit Zusatzaufgaben bestraft. Und schnell hat sich dann der eigene Glaubenssatz verankert „Na, ich habe es wohl nicht so mit den Zahlen …". Unter solchen Voraussetzungen ist es schwer vorstellbar, ein wirklich leidenschaftliches Verhältnis zu Zahlen, Daten und Fakten zu entwickeln.

Ähnliches ist im Deutschunterricht beim Diktat zu beobachten. Die korrigierte Fassung führt dem bemühten Schüler in roter Schrift die gemachten Fehler in ganz konkreter Anzahl vor Augen. Wie wäre es stattdessen, die Worte, die richtig geschrieben worden sind, aufzuzählen und die Bewertung zu beenden mit dem Satz „588 Worte hast Du richtig geschrieben. Das sind 588 Worte, die Du schon richtig gut kannst!" Das klingt doch schon gleich viel positiver und einladender. Wenn ich jemanden für die Sprache und das geschriebene Wort gewinnen will, dann doch eher so.

Dies sind nur zwei Beispiele von vielen, die zeigen, wie unsere Leidenschaften und unsere Stärken schon früh im Keim erstickt werden. Es lohnt sich sehr, sich auf solche Erlebnisse zurückzubesinnen und sie heute umzudeuten. Welche Stärken kommen da möglicherweise wieder zutage, die wir schon ganz zugeschüttet hatten?

„In der Leidenschaft lebt der Mensch, im Mittelmaß existiert er nur!"

Übung 1.3.: Die eierlegende Wollmilchsau

Welche Erlebnisse habe ich aus meiner Schulzeit, die bei mir ein unangenehmes Gefühl des Versagens hinterlassen haben?

_____
_____
_____
_____
_____
_____

Wie betrachte ich dieses Geschehen heute als erwachsene Person?

_____
_____
_____
_____
_____

In welchem Bereich bediene ich immer wieder die Erwartungen anderer?

_____
_____
_____
_____
_____

Welche Beweggründe habe ich dafür?

_____
_____
_____
_____
_____

Welchen Preis zahle ich dafür?

_____
_____
_____
_____
_____

Was kann mir helfen, mich wieder mehr auf meine Stärken und Leidenschaften zu konzentrieren?

_____
_____
_____
_____
_____

1.5 Wir scheitern erfolgreicher mit Serendipität

Das Schöne ist, dass uns der Flow-Zustand fast ganz von allein widerfährt. Wir müssen und dürfen ihn einfach zulassen.

In diesem Kontext lohnt es sich, noch einen weiteren Begriff einmal stärker unter die Lupe zu nehmen: „Serendipität". Er beschreibt folgendes Phänomen: Wir sind nicht auf die Suche nach etwas Konkretem, und trotzdem oder gerade deshalb erweist sich eine zufällige Begebenheit als wunderbare und überraschende Erfahrung. Wir entdecken auf einmal, was noch in uns steckt oder welches Tun uns glücklich macht. Der Begriff wird spätestens seit der gleichnamigen Hollywood-Liebeskomödie (im Deutschen „Weil es Dich gibt") mit John Cusack und Kate Beckinsale inflationär gebraucht. Alle Arten von Glücksfällen, wie die große Liebe seines Lebens finden, den Traumjob ergattern, das Geschäft des Jahres an Land ziehen, werden damit tituliert. Serendipität hat in der deutschen Lehnübersetzung einen viel engeren Sinn: „Sie bedeutet, Wichtiges zu finden, was man gerade nicht suchte." Häufig liegt dem ein Scheitern zugrunde. Der eigentliche Plan ging schief und doch dafür wird man mit anderem belohnt."[4]

Serendipität – der Sanskrit-Name für Ceylon wird zum viel beachteten philosophischen Konzept
Selten lässt sich die Geburtsstunde eines Begriffs so genau datieren: Am 28. Januar 1754 schrieb Sir Horace Walpole, der 4. Earl of Orford, einen Brief an Horace Mann. Walpole schilderte darin eine Entdeckung, die er kurz zuvor gemacht hatte: Beim Stöbern in seiner Bibliothek war er auf ein Wappen gestoßen, das auch ein Renaissancegemälde zierte, welches ihm sein Freund aus Florenz zugesandt hatte. Horace Mann hatte dort lange als britischer Botschafter beim Großherzog der Toskana gedient.

Vor lauter Begeisterung über seinen Fund bezeichnet Walpole ihn in seinem Schreiben als einen Fall von „serendipity" – ein Wort, das er kurzerhand selbst erfand. Denn wie es der Zufall wollte, erinnerte ihn die Sache an ein Märchen, das er als Kind gelesen hatte: „Die drei Prinzen von Serendip".

Serendip ist ein alter Sanskrit-Name für Ceylon, dem heutigen Sri Lanka. Dort spielt die Prinzensaga, die Walpole beim Verfassen seines Briefs in den Sinn kam. Sie handelt von den Söhnen des weisen Königs Jafer, die in die Fremde gehen und allerlei kuriose Schlüsse aus Erlebnissen entlang des Wegs ziehen. Die Moral von der Geschichte: Mit der nötigen Beobachtungsgabe erkennt man Dinge, die anderen verborgen bleiben – und hilft damit seinem Glück auf die Sprünge.

---

[4] Quelle: http://www.spektrum.de/news/serendipitaet-wie-wir-dem-glueck-auf-die-spruenge-helfen/1425714

Walpoles Wortschöpfung machte freilich erst viel später Karriere: Nach einer Auswertung des US-Soziologen Robert K. Merton brachte es das Wort „serendipity" in den 1960er Jahren auf ganze zwei Erwähnungen in der angelsächsischen Presse. In den 1990er Jahren waren es bereits mehr als 13 000 – Tendenz steigend.

Heute ist Serendipität nicht nur ein philosophisch viel beachtetes Konzept. Es wird zunehmend auch von empirisch arbeitenden Forschern in Feld- und Laborstudien untersucht. Laut Informationswissenschaftlern dürfte im Zuge der Digitalisierung das beiläufige, unbeabsichtigte Aufschnappen von Begebenheiten und Fakten, die sich im Nachhinein als bedeutsam erweisen, immer wichtiger werden. Fachleute sprechen hierbei von „opportunistic information acquisition" (OIA) oder „information encountering" (IE).[5]

Was haben Tesafilm, Viagra und das Internet gemeinsam?
Der Durchbruch zur wirklichen Innovation ist meist unvorhersehbar. So unvorhersehbar, dass man zunächst mit dem Ergebnis gar nichts anzufangen weiß. Die Dimension des Potenzials der neuen Errungenschaft wird oft erst viel später klar.

Die Entstehungsgeschichte der Haftnotizen Post-it fasziniert bis heute.[6] 1968 sondierte der Chemiker Dr. Spencer Silver in einem Team bei 3 M das Thema Haftmittel. Er entdeckte bei einem Versuch eine neue Substanz, mit der er weiter experimentierte. Er hatte noch keine Idee für die Verwendung und präsentierte die Substanz anderen Produktentwicklern des Unternehmens. Art Fray, ein anderer Wissenschaftler des Hauses, speicherte das Gehörte in seinem Gedächtnis ab. Erst drei Jahre später sollte sich der passionierte Chorsänger das Gehörte wieder daran erinnern, als ihm zum wiederholten Male das Lesezeichen aus seinem Gesangbuch rutschte. Er holte sich von Spencer eine Probe des Haftmittels und trug es auf ein Stück Papier auf. Sein Lesezeichen kam bei internen Tests zwar gut an, aber das wirkliche Potenzial dieser Innovation wurde noch nicht vollumfänglich erkannt.

Erst als er eines Tages einen Bericht mit einem seine Zettel versah und sein Vorgesetzter mit einem Vermerk auf genau diesem Zettel antwortete, wurde klar: Die echte Innovation war die Haftnotiz. Von da an war der Siegeszug der Post-it-Haftnotizen nicht mehr aufzuhalten: 1978 machte 3 M erste Produkttests, schon 1980 waren die Haftnotizen in den ganzen USA erhältlich, und heute werden sie in 150 Ländern der Welt verkauft.

---

[5] Quelle: Merton, R.K., Barber, E.: The Travels and Adventures of Serendipity: A Study in Sociological Semantics and the Sociology of Science, Priceton University Press, 2006

[6] In einem Interview für die Financial Times erzählen Art Fry und Spencer Silver, wie 1968 alles begann.

Post-it-Botschaften werden auf Spiegeln und Spinden hinterlassen, bieten Strukturierungs- und Erinnerungshilfen, und trotz Digitalisierung erlebe ich immer noch Projektmanager, die ihre Meilensteine und To-dos mit eben diesen Post-its visualisieren und sichtbar machen.

„Dass ein kleines Stück Papier mit einem klebrigen Streifen so stark in alle Lebensbereiche vordringen würde, hätte sich 1968 wirklich niemand vorstellen können."[7]

Was kann Ihnen helfen, auch diese Fähigkeit bei Ihrer Markenentwicklung an Bord zu holen und im Blick zu behalten? Schon Louis Pasteur (1822–1895) sprach von einem „vorbereiteten Geist", der für unverhoffte Entdeckungen empfänglich sei. Nun sind Sie vermutlich nicht unbedingt Forscher oder Erfinder, aber auch Sie können diese Haltung zu einer zusätzlichen Erfolgseigenschaft machen. Statt direkt das gewünschte Ergebnis zu erzielen, stoßen Sie manchmal auf Dinge, die sich für Sie als schicksalhaft erweisen, ohne dass Sie dies im ersten Moment so wahrnehmen würden. Sich für diese Begegnungen stärker zu öffnen und sich dies öfter einmal bewusst zu machen, z. B. mit dem inneren Dialog „Mensch, was für ein Glück war das denn?", hilft, mit wachem Blick Ihre Marke auszubauen.

Der Psychologe Daniel Goleman formulierte diese Haltung folgendermaßen: „Ein aufgeschlossenes Bewusstsein schafft eine mentale Plattform für kreative Durchbrüche und unerwartete Einsichten."[8] Wer dies beherzigt, kann seinen Erfolg zwar nicht erzwingen, aber ein wenig wachküssen.

Machen Sie sich also für den Wink des Zufalls bereit, und seien Sie im richtigen Augenblick aufmerksam genug, diesen auch zu bemerken. Menschen, die ihren Leidenschaften nachgeben und sich auch mal ablenken lassen, die sich schnell für das entscheiden, was sie interessiert, und die keine Angst vor dem Scheitern haben, sind hierfür besonders prädestiniert.[9] Wenn wir uns im Rahmen Ihrer MARKE-Strategie mit den Kompetenzen beschäftigen (Abschn. 3.5.), die Sie für Ihren Markenausbau mitbringen, dann dürfen für die Serendipität Neugier, Flexibilität und Frustrationstoleranz nicht fehlen.

---

[7] Quelle: http://die-erfinder.3mdeutschland.de/best-practice/einfach-kurz-hinkleben-geburt-einer-genialen-gedaechnisstuetze

[8] https://www.diplomatic-council.org/de/dc-startet-neues-global-holistic-economy-forum/, Zugriffsdatum 28.04.2018

[9] Menschen mit diesen Charaktereigenschaften taufte Sandra Erdelez von der Universität of Missouri „Super-Encounterer". Sie interviewte Menschen mit unterschiedlichen sozialen Hintergründen über die Glücksfälle in ihrem Leben

Übung 1.4.: Serendipität

Was ist mir besonders Bedeutsames widerfahren?

_____
_____
_____
_____
_____
_____

Welche Begegnung hat meinem Tun eine neue Wendung gegeben?

_____
_____
_____
_____
_____

Welches Umfeld hat mich auf eine zündende Idee gebracht?

_____
_____
_____
_____
_____

Wie offen ist meine Wahrnehmung für diese Begebenheiten?

_____
_____
_____
_____
_____

1.6 Wir verhalten uns bei Veränderungen oft wie Frösche

Wenn sich das Umfeld verändert, verhalten wir uns wie ein Frosch!

Wenn Frösche mit heißem Wasser in Berührung kommen, reagieren sie je nach Temperatur sehr unterschiedlich. Setzt man einen Frosch direkt vom Land ins heiße Wasser, hüpft er heraus. Wird er aber in ein sich langsam erwärmendes Wasserbad gesetzt, nimmt er das sich gefährlich verändernde Umfeld nicht wahr. Er bleibt im Topf sitzen, bis er gekocht ist.

Viele Menschen verhalten sich nach meiner Wahrnehmung genauso. Sie bewegen sich in einem Umfeld zunehmender Radikalisierung. Das gilt für viele Lebensbereiche: für das politische Umfeld, in dem sie sich bewegen. Im beruflichen Umfeld müssen sich Unternehmen oftmals in kürzester Zeit radikal verändern, damit ihr Geschäftsmodell überhaupt noch Bestand hat und das gelingt den wenigsten. Wer den Zug verpasst, der ist draußen. Der Frosch im Wasser hat ihn definitiv verpasst, und ich behaupte, die Frösche bei uns sind leider immer noch in der Überzahl.

Das ist aus Sicht des badenden Frosches auch nachvollziehbar. Er hat es bequem, es ist warm und (noch) wohltemperiert. Warum sollte er sich also bewegen? Oder, schlimmer noch, sogar springen? Weiß er doch nicht, was da jenseits des wohltemperierten Topfes auf ihn wartet. Und dann bleibt der Frosch lieber an dem Ort, den er kennt! Im sich langsam erhitzenden Topf.

Wir leben in einem sich radikal verändernden Umfeld. Die Digitalisierung hat vielen Unternehmen schmerzhaft vor Augen geführt, dass ihre Produkte auf dem Markt nicht mehr gefragt sind. Denken Sie nur einmal an das Thema Fotografie. Es gibt wenige Unternehmen, die hier erfolgreich durch veränderte Produkte, eine Erweiterung ihrer Produktpalette oder eine gänzliche Änderung ihres Geschäftsmodells einen Turnaround geschafft haben Ein positives Beispiel ist sicher Konica Minolta. Ich habe noch eine alte Spiegelreflexkamera dieses Unternehmens im Schrank. Solche Produkte werden dort heute schon lange nicht mehr produziert. Stattdessen ist ein großes Standbein die Beratungsleistung für ganzheitliche Datenlösungen für ihre weltweit agierenden Kunden. Sie haben erfolgreich ihre Grundkompetenz genommen und schon frühzeitig geschaut, wo sie im Markt einen echten Innovationsvorteil erzielen können und wie sie ihr Alleinstellungsmerkmal entsprechend verändern müssen. Das gilt auch für uns als Mitarbeiter und Freiberufler. Haben wir uns es erst einmal nett in unserem wohltemperierten Topf eingerichtet, dann verpassen wir oft den Absprung!

Ein weiterer Grund, den Sprung nicht zu wagen, ist die Angst der Menschen vor Veränderung.

Umfragen belegen, dass zwar 40 Prozent der Manager Angst vor einem Jobverlust haben, aber die Angst vor einem Gesichtsverlust und die Angst, Fehler zu machen, sind noch deutlich höher. Glaubt man den Ergebnissen, dann haben bis zu 70 Prozent der Manager Angst vor Fehlern.[10] Wenn diese

---

[10] Hoffmann, Maren (24.05.2016) auf http://www.manager-magazin.de/unternehmen/karriere/die-groessten-aengste-der-manager-davor-fuerchtet-sich-ihr-chef-a-1093670.html

Emotion Ihr Handeln bestimmt, dann bleiben Sie in meinem wohltemperierten Umfeld hocken und trauen sich nicht auf neues Terrain. Denn dort werden Sie mit Sicherheit Fehler machen! Was kann in diesem Dilemma helfen?

> **Wichtig**
>
> - Klarheit, was Sie ausmacht und wo Sie Mehrwert stiften können
> - Mut, Ihren Leidenschaften mehr Raum zu geben
> - Unterstützer und Wegbegleiter
> - Die innere Haltung „Einfach mal machen!"

Das sind alles Elemente der MARKE-Strategie! (Abschn. 3.1.)

Zusammenfassung Kap. 1

Markenmacher machen aus No-Name-Produkten Brands, für die wir als Verbraucher bereit sind, mehr Geld auszugeben als für herkömmliche vergleichbare Produkte. Wir tun das, weil die Markenbotschaft in uns positive Emotionen weckt und wir an die Markenbotschaft glauben. Dieses Wissen können wir auf uns als Person übertragen, indem wir unsere eigene Marke „ICH" entwickeln. Dabei sollten wir das Ziel haben, die Markeninhalte positiv und konkret zu formulieren, damit sie bei anderen positive Gefühle wecken und sie an unseren Mehrwert glauben. So werden wir mittelfristig erfolgreicher und wirksamer sein. Wir werden es schaffen, einen Nachfragesog nach unseren Kompetenzen und unserer Leistung zu erzeugen. Viel zu häufig konzentrieren wir uns auf unsere Defizite und versuchen, die Erwartungen anderer zu erfüllen. Dabei verlieren wir uns selbst aus den Augen. Wir entwickeln uns zu „eierlegenden Wollmilchsäuen", die im Mittelmaß versinken.

Weiterführende Literatur

Ayan, Steve (Stuttgart 2016): Locker lassen: Warum weniger Denken mehr bringt, Klett-Cotta Verlag

Berndt, Jon Christoph (München 2009): Die stärkste Marke sind Sie selbst! Schärfen Sie Ihr Profil mit Human Branding, Kösel Verlag

Csikszentmihalyi, Mihaly (Stuttgart 2017): Flow: Das Geheimnis des Glücks, Klett-Cotta Verlag

Goleman, Daniel (München 1997): EQ. Emotionale Intelligenz, dtv

Storch, Maja (München 2011): Das Geheimnis kluger Entscheidungen: Von Bauchgefühl und Körpersignalen, Piper Verlag http://www.gluecksarchiv.de/inhalt/flow.htm

Weiterführende Videos

Arndt, Roland erklärt die Wirkung des Nachfragesogs, **Zugriffsdatum 12.09.2017** https://www.youtube.com/watch?v=_PSXEy8TREc

Bischoff, Christian: Die Kunst, dein Ding zu machen, **Zugriffsdatum 19.09.2017** https://www.youtube.com/watch?v=_KGYwQ9K4LQ

Brandl, Peter: Die Kunst schwere Entscheidungen zu treffen, **Zugriffsdatum 06.10.2017** https://www.youtube.com/watch?v=67mMVbJbhAU

Cohn, William: Der Sprachbotschafter der Gesellschaft für deutsche Sprache erklärt Begriffe aus dem aktuellen Sprachgebrauch, hier Serendipität, **Zugriffsdatum 12.12.2017** https://www.youtube.com/watch?v=2CW4Zg2kZSI

Csikszentmihalyi, Mihaly über „Flow" im TedTalk, **Zugriffsdatum 30.10.2017** https://www.ted.com/talks/mihaly_csikszentmihalyi_on_flow/up-next?language=de

Mahlstedt, Anja: „Stärken erkennen" in Karrieretipps to go https://youtu.be/k37fqKsIgbI

Sonix fx: Wahlfreiheit! Motivation, Zugriffsdatum, 06.10.2017 https://www.youtube.com/watch?v=GeJc7qdW3z8

2

Was ein Produkt zu einer Marke macht … und warum „allein" stehen manchmal ganz erfolgreich sein kann

Der Schatz des USP

Elektronisches Zusatzmaterial
Die Online-Version für das Kapitel (https://doi.org/10.1007/978-3-658-21702-0_2) enthält
Zusatzmaterial, das berechtigten Benutzern zur Verfügung steht. Oder laden Sie sich zum Streamen der
Videos die „Springer Nature More Media App" aus dem iOS- oder Android-App-Store und scannen Sie
die Abbildung, die den „Play button" enthält.

© Springer Fachmedien Wiesbaden GmbH, ein Teil von Springer Nature 2018
A. Mahlstedt, *Ihr Weg zur Marke „ICH"*,
https://doi.org/10.1007/978-3-658-21702-0_2

2.1   Vom Produkt zur Marke

Die Markenführung gibt dem Produkt ein Profil, eine klare Ausrichtung und hebt die Unterschiedlichkeit zu anderen Produkten hervor. Sie gibt den Dingen einen Namen, damit sie in Erinnerung bleiben.

Die Werber unterscheiden zwischen der gestützten und der ungestützten Markenbekanntheit. Dabei wird bei der gestützten Markenbekanntheit der Titel, der Einsatz der Marke oder der Person genannt. Bei einer hohen ungestützten Markenbekanntheit ist dieser Zusatz gar nicht mehr notwendig. So wird man bei David Beckham nicht mehr fragen müssen: „Kennen Sie David Beckham, den ehemaligen Fußballer?" Sein Name hat sich längst mit einer solch hohen ungestützten Markenbekanntheit etabliert, dass er selbst nach Beendigung seiner aktiven Karriere alle möglichen Produkte wie Mode oder Aftershave als Marke positionieren kann. Immer mit der gleichen Botschaft versehen: „Tragt mich und ihr seid so cool und erfolgreich wie ich!" Das lassen sich viele Männer einiges kosten.

Wie wäre es also, wenn Sie sich auch ungestützt eine entsprechende Markenbekanntheit erarbeiten? Dazu müssen Sie kein Promi sein, sondern sich „nur" ein besonderes Alleinstellungsmerkmal erarbeiten, das dann immer wieder zum Einsatz kommt. Das im besten Fall in allen Lebenslagen einen Wiedererkennungseffekt hat.

Der Empfangschef des Konzerns, in dem ich lange als Personalleiterin tätig war, hatte sich einen solchen Bekanntheitsgrad erarbeitet. Ob bewusst oder unbewusst erlangt, sein Alleinstellungsmerkmal war sein ungewöhnlicher Zugang zu den Besuchern: sein außergewöhnliches Namensgedächtnis und sein echtes Interesse an den Menschen. Wann immer z. B. ein Bewerber zu früh zu mir für ein Bewerbungsgespräch ins Gebäude kam, ließ er diesen nicht allein im Empfangsraum sitzen. Er brachte ihn in den 7. Stock des Gebäudes, das hinter hohen Glasscheiben einen atemberaubenden Blick auf die Alster bot. Dann plauderte er ein wenig mit dem Kandidaten und machte ihm richtig Lust auf das Unternehmen, indem er viel von seinen persönlichen Eindrücken schilderte. Ich hatte es dann später leichter, einen hervorragenden Bewerber wirklich für uns zu gewinnen. Der Empfangschef hatte meist gute Vorarbeit geleistet! Durch seinen Mehrwert schaffte er es, seine Beschäftigung bis zur Rente in einem Festvertrag zu sichern, obwohl schon Jahre zuvor der Trend ganz klar in Richtung Outsourcing ging. Und obwohl sich unser damaliger Vorstand sicher auch die ein oder andere junge blonde Dame am Empfang hätte vorstellen können, blieb unser Empfangschef die unbestrittene Kapazität auf diesem Gebiet und sicherte sich seinen gut bezahlten Ruhestand, ohne vorher outgesourct zu werden.

Er hatte viele Fans, viele Werbeboten im Unternehmen, die alle Ähnliches über seine Vorzüge und seinen Mehrwert für das Unternehmen zu berichten wussten.

Wichtig ist neben der Einzigartigkeit, der Unique Selling Proposition (USP), auch der Wiedererkennungseffekt. Es reicht nicht aus, hin und wieder diese Einzigartigkeit oder die Besonderheit zu bespielen. Sie sollte in möglichst vielen Situationen zu erkennen sein. Eine Kollegin von mir, die z. B. viel als Executive-Beraterin tätig ist, setzt dies in Vollendung um. Sie ist eine Frau mit Klasse, reist nur erster Klasse und kleidet sich, selbst wenn sie privat unterwegs auf Reisen ist, immer dem Business angemessen. Es kann doch sein, dass sie auch privat auf einen Kunden trifft, und der soll in diesem Umfeld ebenfalls ihre Klasse-Ausstrahlung wahrnehmen – so ihre Devise.

Ganz anders eine andere Trainerkollegin von mir, die sich als besondere Expertin für Kommunikation zu etablieren versucht. Ich habe sie an der Hotellobby in einer sehr unschönen Szene erleben müssen. Sie fühlte sich unbeobachtet und hat einen Hotelmitarbeiter nach allen Regeln der Kunst zusammengestaucht. Dabei hat sie jegliche Kommunikationsregeln vergessen, die sie sonst im Training zu vermitteln versuchte. Damit war ihre Expertenrolle für mich nicht mehr glaubwürdig. Als Kunde würde ich sie nicht mehr buchen.

Auch so gerät man sicher nicht mehr in Vergessenheit!

Was also macht eine Marke zu einer Marke?
Zunächst einmal der Bekanntheitsgrad. Die Marke ist regional, überregional und vielleicht sogar international bekannt. Zwar kann die Zusammensetzung in unterschiedlichen Ländern etwas an die dortigen Gewohnheiten angepasst sein (gerade bei Konsum- oder Verbrauchsartikeln), das Grundprodukt mit seinem Markenversprechen allerdings bleibt. Ich weiß als Kunde, was ich bekomme, und bin bereit, für dieses Versprechen auch etwas mehr auszugeben. Und ich bin als Kunde gern bereit, mich zum Werbeboten für das Produkt zu machen, indem ich es präsentiere und nutze.

Das Markenprodukt hat einen hohen Wiedererkennungseffekt. Egal, wo mir die Marke begegnet, durch das Erscheinungsbild und die Präsenz werde ich immer wieder an das Markenversprechen erinnert. Gerade für international etablierte Marken ist es bei Relaunches für die Markenmacher manchmal eine echte Herausforderung, die Marke so zu verändern, dass sie moderner erscheint und trotzdem noch diesen einzigartigen Wiedererkennungseffekt hat. Wir kennen alle die runde blaue Niveadose. Die „Mutter aller Cremes" von Beiersdorf gibt es schon seit 1911, also über 100 Jahre. Sowohl die Creme selbst als auch die Dose sind immer mal wieder leicht angepasst worden. So, dass sie ein etwas moderneres Erscheinungsbild hat und der Inhalt wissenschaftlich auf den neuesten Stand gebracht wurde. An der Grundrezeptur hat sich aber in über 100 Jahren nur wenig geändert.[1] Die Dose war ursprünglich gelb mit grünen Jugendstilranken. Es wurde bereits 14 Jahre nach Markteinführung angepasst. Denn in den goldenen 20er Jahren bestimmten die Schlagworte „Jugendlichkeit", „Sportlichkeit" und „Freizeit" den Zeitgeist. Es war an der Zeit, die verspielte Jugendstilromantik abzulösen.

Die Markenfarben Blau und Weiß sind u. a. die Handschrift von Elly Heuss-Knapp, der Ehefrau des späteren ersten Bundespräsidenten Theodor Heuss. Diese Farben wurden nicht mehr verändert, damit der Markenklassiker ein Klassiker bleiben konnte. Der Wiedererkennungseffekt hat einen solch hohen Wert, der darf nicht aufs Spiel gesetzt werden!

In den 70er Jahren kam der Supermarktboom und damit die erneute Frage nach der Positionierung der Marke. Was sollte in den Vordergrund gestellt werden? Beiersdorf entschied sich für die Werbekampagne „Creme de la Creme" und knüpfte damit wieder an die Ursprungspositionierung „die Mutter aller Cremes" an.

Dies ist nur eine Markengeschichte. Es gibt noch viele andere. Eine Marke hat es spätestens dann zum Markenklassiker geschafft, wenn man den Produktnamen synonym für die gesamte Produktart einsetzt. Wer von uns hat nicht schon einmal nach einem „Tempo" statt nach einem Papiertaschentuch gefragt? Wir putzen den Tisch mit einem „Zewa" oder wir benutzen den „Labello" unserer besten Freundin statt eines einfachen Fettstifts für die Lippen. Im angloamerikanischen Sprachraum gibt es für das Wort „staubsaugen" das Wort „hoovern", abgeleitet von der Staubsaugermarke „Hoover". So weit wollen wir es ja mit der Marke „ICH" gar nicht treiben. Trotz allem können wir von diesen Markenmachern lernen, wenn es um unsere Marke „ICH" und unser Produkt geht.

Vor Kurzem fragte mich ein Neukunde in einem ersten Beratungsgespräch, was denn das Typische eines „Mahlstedt Seminars" sei. Mich hat diese Frage sehr gefreut, denn das gab mir die Möglichkeit, mich und meine Seminare sowie Workshops mit dem entsprechenden Mehrwert zu präsentieren. Das Gespräch gab mir die Möglichkeit herauszustellen, was mich und mein Team von anderen Seminaranbietern, die ähnliche Inhalte vermitteln, unterscheidet, was also unser Alleinstellungsmerkmal ist.

---

[1] http://www.beiersdorf.de/marken/markengeschichte/nivea.

► https://www.youtube.com/watch?v=9vDlL16y-GU&feature=youtu.be

Haben Sie schon einmal über Ihr Alleinstellungsmerkmal nachgedacht? Das, was Sie besonders macht, was Sie von anderen Mitanbietern unterscheidet? Dafür müssen Sie nicht selbstständig sein und eigene Produkte auf den Markt bringen. Darüber nachzudenken lohnt sich auch, wenn Sie im Angestelltenverhältnis sind und den nächsten Karriereschritt machen wollen. Warum sollten gerade Sie diesen machen? Warum sollte man auf Sie aufmerksam werden und warum an Ihnen auf keinen Fall mehr vorbeikommen?

Im Rahmen der Etablierung Ihrer MARKE-Strategie werden Sie hierzu ausführlich Gelegenheit erhalten. Idealerweise arbeiten Sie Ihr Alleinstellungsmerkmal, oder wie die Markenmacher sagen Ihre Unique Selling Propositon so konkret heraus, dass es sich wie ein Radiospot anhört.

Zurück zu der Frage, die an mich in dem Erstkontakt zum neuen Kunden gestellt wurde. Mein Radiospot lautet wie folgt: „Wir bieten Seminare und Workshops an, die für unsere Kunden maßgeschneidert sind und nicht von der Stange. Unsere Trainer und Berater sind nur in Feldern aktiv, in denen sie selbst praktische Erfahrungen haben. In unseren Augen redet ein Führungstrainer, der selbst nie Führungskraft war, wie ein Blinder von der Farbe! So etwas gibt es bei uns nicht. Unsere Seminare leben von einem hohen Praxisanteil und wir legen überdurchschnittlich großen Wert auf den Praxistransfer nach dem Seminar, sodass wir für einen nachhaltigen Lernerfolg sorgen. Lernen heißt bei uns Ausprobieren und zwar in einer sehr wertschätzenden Atmosphäre. Das führt dazu, dass die Seminarteilnehmer häufig sehr schnell ihre Themen ansprechen und das Seminar eine intensive Zusammenarbeit der Teilnehmer ermöglicht, die auch nach Abschluss häufig fortgeführt wird."

Unser Credo auf den Punkt gebracht: „Persönlichkeit bewegt!"

Was sollten Sie bei der Formulierung Ihres Radiospots berücksichtigen?
Hier kommen schon einmal zwei Vorschläge:

„Ich bin Monika Müller, Risikoanalystin aus Leidenschaft mit einem ausgeprägten Sinn für mathematische Zusammenhänge. Mir ist es wichtig, dass meine Arbeit Mehrwert stiftet und Sicherheit gibt. Dabei erläutere ich die Zahlen, Daten und Fakten verständlich und nachvollziehbar für meine Kunden."

„Ich bin Henri Meier, der seniore Kundenberater im Anlagenbereich. Meine Klienten vertrauen mir, weil sie meinen kompetenten, unabhängigen und unorthodoxen Rat schätzen. Ich setze Impulse, bereite Entscheidungen vor und werde bei wichtigen Anlageentscheidungen mit meinen Stärken eingebunden. Mein Credo: Wer wichtige Entscheidungen zu treffen hat, der braucht einen erfahrenen Berater, der seine Kunden kennt, an seiner Seite."

Verwenden Sie möglichst wenig Fremdworte, Fachvokabular und Buzzwords. O.k., das lässt sich nicht immer ganz vermeiden. Schön ist es, wenn Ihr Radiospot Metaphern und bildhafte Sprache beinhaltet.

Übung 2.1.: Mein Radiospot

Ich bin ….

_____

_____

_____

_____

Mich zeichnet aus, dass …

_____

_____

_____

_____

_____

Mein Credo lautet …

_____

_____

_____

_____

2.2   Von der eierlegenden Wollmilchsau zur Marke „ICH"

An wen erinnert Sie folgende Gestik? Die Fingerspitzen berühren sich, die Daumen berühren sich und sind dem Körper zugewandt. Welcher Name kommt Ihnen sofort in den Sinn? Klar, das ist die „Merkelraute". Welche Adjektive fallen Ihnen ein, wenn Sie an Angela Merkel denken?

Übung 2.2.: Beschreibende Adjektive

Folgende Adjektive fallen mir zu Angela Merkel ein:

_____

_____

_____

_____

_____

Ich habe diese Frage schon oft im Rahmen meiner Vortragsveranstaltungen zu diesem Thema gestellt und oftmals fallen Begriffe wie „bodenständig", „geerdet", „ausdauernd", „diplomatisch" oder „machtvoll". Und zwar unabhängig vom Publikum und unabhängig davon, ob die Zuhörer Angela Merkel wählen würden oder nicht.

Es gibt viele Beschreibungen über den Sinn und Unsinn ihrer Geste. Viele Experten zum Thema Körpersprache titulieren diese Geste als „abwehrende Igelhaltung".[2] Ich selber teile diese Auffassung ganz und gar nicht. In meinen Augen sind solche Zuschreibungen fahrlässig. Möglicherweise faltet mein Gesprächspartner auch nur die Hände, um sich besser auf mich und meine Worte konzentrieren zu können. Es gibt viele Möglichkeiten der Interpretation. Im Gespräch sollte ich natürlich möglichst auch und gerade die Körpersprache meines Gesprächspartners im Auge behalten. Für das Thema „erfolgreiche Gesprächsführung" ein wichtiger Aspekt, den ich vertieft in meinem Buch „Wie Frauen erfolgreich in Führung gehen" beschreibe.

Gerade in herausfordernden Gesprächssituationen kann mir eine veränderte Körperhaltung meines Gegenübers frühzeitige und sehr hilfreiche Hinweise geben, ob meine Botschaft angekommen ist, oder ob ich ggf.

---

[2] Matschnig, Monika: http://www.matschnig.com/medien-presse/glossar-koerpersprache/.

noch nachsteuern sollte. Auch muss mir natürlich bewusst sein, dass ich mit meiner Körpersprache ständig Signale aussende. Das mache ich meist unbewusst. Die Körpersprache dauerhaft zu kontrollieren, würde uns nicht authentisch wirken lassen. Umso wichtiger ist es, mir vor Augen zu führen, dass meine Gedanken und meine innere Haltung sich in meiner (unbewussten) Körpersprache widerspiegeln. Die Theatermacher bringen es auf den Punkt:

Die Geste folgt dem Gedanken!

Wie ich mich innerlich einstelle, wirkt nach außen. Die Vorbereitung auf die Situation, die ich meistern möchte, ist ganz entscheidend und ein wichtiger Erfolgsfaktor. Was denke ich selbst über mich und meine Wirkung?

Zurück zur „Merkelraute". Probieren Sie sie doch ruhig selbst einmal aus. Stellen Sie sich in einem unbeobachteten Moment hin, locker in den Knien und aufgerichtet. Ihr Kopf wird an einem unsichtbaren Faden in die Höhe gezogen. Nun falten Sie Ihre Hände in der vertrauten und hier besprochenen Geste. Was passiert mit Ihrem Körper? Merken Sie, dass sich Ihre Schultern automatisch nach hinten ausrichten und Sie gerader stehen?

Jetzt drücken Sie bitte noch beide Ringfinger aufeinander und konzentrieren sich auf Ihre Atmung. Spüren Sie, dass die Atmung tiefer wird und Sie geerdeter stehen?

Als Beobachter würde man das alles sehr schnell wahrnehmen können. Sie haben eine wahrhaftig „staatsmännische" Haltung eingenommen. Dabei ist es interessant, dass es noch immer nicht das Wort „staatsfräulich", gerade in diesem Zusammenhang, in unserem Sprachgebrauch gibt. Diese Haltung lässt sie souverän und klar wirken.

Betrachtet man ältere Bilder von Angela Merkel, so wirkte sie nicht immer so. Früher stand sie oft mit eingezogenem Kopf und vorgezogenen Schultern vor den Fotografen aus aller Welt. Die Wirkung heute ist eine viel positivere, eine Wirkung, die auf ihr Marke „ICH" nkonto einzahlt.

Was genau ist eine Marke „ICH" und was zeichnet sie aus?

Zunächst einmal hat die Marke „ICH" einen hohen Bekanntheitsgrad. Angela Merkel hat eine hohe ungestützte Bekanntheit. Man muss nur ihren Namen erwähnen, ohne ihre Position zu beschreiben, und jeder weiß, um wen es sich handelt. Genau da wollen wir hin.

Wäre es nicht schön, wenn zukünftig nur Ihr Name genannt werden muss, und jeder wird einschätzen können, dass es ein Gewinn für ihn sein wird, Sie im Team zu haben?

Übung 2.3.: Wo stehe ich auf dem Weg zu meiner Marke „ICH" ?

Wie hoch ist meine Bekanntheit in meinem beruflichen Umfeld?

_____

_____

_____

_____

_____

_____

Kennen die Menschen meinen Namen, die ihn kennen sollten?

_____

_____

_____

_____

_____

_____

Wird mein Name mit meiner Position in Verbindung gebracht?

_____

_____

_____

_____

_____

_____

Wird mein Name mit meinen Fähigkeiten und meinen Stärken in Verbindung gebracht?

_____

_____

_____

_____

_____

_____

Werde ich eindeutig wahrgenommen? Nehmen unterschiedliche Menschen mich und meine Stärken in ähnlicher Form wahr und kommen zu einer vergleichbaren Einschätzung?

_____

_____

_____

_____

_____

_____

Dann hat die Marke „ICH" einen hohen Wiedererkennungsgrad. Das heißt, alle Transportmittel bestätigen den Markenkern. Als Transportmittel sind hier die Sprache, die Stimme, die Körpersprache, die Kleidung[3] und das Verhalten zu nennen. Sie alle führen dazu, dass uns zu bestimmten bekannten Marke „ICH" n bestimmte Adjektive und bestimmte Eigenschaften einfallen. Kaum einer von uns kennt den Menschen Angela Merkel persönlich, und doch nehmen ganz unterschiedliche Menschen diese Marke „ICH" ähnlich oder gleich wahr.

Damit kommen wir zur nächsten Eigenschaft einer Marke „ICH" : die Eindeutigkeit. Die Wahrnehmung ist auch in unterschiedlichen Situationen eindeutig. Eine Marke „ICH" erfindet sich nicht ständig neu, es sei denn, dass gerade dies ihr Alleinstellungsmerkmal und ihre besondere Stärke ist. Die erkennbaren Stärken werden kontinuierlich und eindeutig wahrgenommen, auch im äußeren Erscheinungsbild.

Hier war Udo Walz, Merkels Friseur, maßgeblich beteiligt. Die Frisur, die gesamte äußere Erscheinung von Angela Merkel, unterstrich die Entwicklung von „Kohls Mädchen" hin zur „mächtigsten Frau der Weltpolitik".

Doch nicht nur Promis oder Menschen im politischen Spotlight punkten mit Eindeutigkeit und Konsistenz. Auch für Sie kann das sehr bedeutsam werden. Stellen Sie sich einmal eine wichtige Verhandlungssituation vor, in der Sie Ihr Ziel erreichen wollen. Oder eine Bewerbungssituation, in der Sie sich so positionieren wollen, dass Sie Ihren Traumjob ergattern. Oder eine Präsentation, an deren Ende das „Go" vom Lenkungsausschuss steht, damit Sie in die Umsetzungsphase starten können. Oder, oder, oder …

Es gibt viele solcher Situationen, in denen es nicht nur darum geht, dass Sie Ihre Argumente gut platzieren und sagen, worum es Ihnen geht. Es ist oft noch viel entscheidender zu zeigen, dass Sie mit Ihrer Person und ganzen Kraft hinter Ihrem Anliegen stehen. Das ist Konsistenz. Es geht um die Signale, die Sie mit Ihrem Auftritt senden und verankern. Dazu gehört Ihr ganzheitliches ICH: Ihre Stimme, Körpersprache, Ihr äußeres Erscheinungsbild, die vorbereiteten Unterlagen, Ihr Tun. Alles das spiegelt Ihre wirkliche Haltung wider, und diese hat mehr Gewicht als das gesprochene Wort, das leicht einmal überhört oder unterschiedlich interpretiert werden kann.

Natürlich kann eine Marke auch polarisieren. Nicht jeder möchte einen Mercedes kaufen, selbst wenn er dies finanziell könnte, und nicht jeder wählt Angela Merkel.

Wenn wir uns auf den Weg zur Marke „ICH" machen, dann werden wir das möglicherweise auch zu spüren bekommen. Nicht jedem wird unsere

---

[3] Linda Zervakis hat hierzu in ihrer NDR-Sendung „das Experiment" einen interessanten Beitrag geleistet (den Link finden Sie am Ende dieses Kapitels).

Positionierung gefallen und nicht jedem wird es gefallen, wenn wir damit auch noch unverschämt erfolgreich werden.

Hier zwei Bespiele aus der Berichterstattung über Angela Merkel, die rein gar nichts mit ihrer politischen Arbeit zu tun haben:

Böse Zungen behaupten über die „Merkelraute": „Sekundenkleber ist kein Spielzeug." Sie wird als „Merkelizerhaltung" verspottet, eine angeblich nichtssagende Geste, die zum Markenzeichen „aufgeblasen" wird. Na gut, vielleicht wusste sie zu Anfang nicht so recht wohin mit ihren Händen! Doch darf die Metamorphose in kleinsten Schritten von Kohls „ostdeutschem Mädel" zur Staatsfrau, die das diplomatische Parkett beherrscht wie keine zweite, als gelungen bezeichnet werden.

Auch die Verankerung des Bildes der unaufgeregten, souveränen Staatslenkerin kann ein langer harter und arbeitsreicher Weg sein. Der spätestens dann erfolgreich abgeschlossen ist, wenn ein ungünstiges Foto die Nation kurzfristig erschüttern kann.

Am Rande eines offiziellen Dinners wurde Merkel vor einigen Jahren aus einer höchst ungünstigen Position aufgenommen. Der entsprechende Ausblick auf den tiefen Ausschnitt wurde in der Klatschpresse am nächsten Tag süffisant kommentiert. Da fiel im wahrsten Sinne des Wortes etwas raus aus der medialen Inszenierung. Das passte nicht zur Marke und stand im Widerspruch zu den Eigenschaften, die man sonst mit ihr verbunden hat. Die Marke „ICH" zu etablieren gelingt der bekanntesten Frau Deutschlands, doch auch hier gibt es Fallstricke.

Die Fallstricke sind es doch, vor denen wir uns auch oft fürchten, wenn wir raus ins Rampenlicht treten. Wenn wir uns erlauben, aus dem lauen Mittelmaß herauszutreten und uns zu zeigen. Dass man uns beurteilt und nicht nur durchgehend zu einem positiven Urteil kommt. Als Marke „ICH" werden wir bewertet. Wir werden gefragt, was uns besonders macht und was unsere Stärken sind. Und wir werden in Augenschein genommen, ob wir das Qualitätsversprechen einlösen, das wir geben.

2.3 Vom Wiedererkennungseffekt zum Anker

Die „Merkelraute" ist hier ein Beispiel für einen „inneren" Anker. Ein Anker, der Standhaftigkeit und Geradlinigkeit in der Körperposition spiegelt.

Als Trainer und Berater bin ich viel mit ganz unterschiedlichen Personen in Kontakt. Da ist es oft herausfordernd, sich an die vielen Menschen aus den Seminaren oder Workshops zu erinnern. Und trotzdem gelingt es manchen Teilnehmern, nachhaltigen und bleibenden Eindruck zu hinterlassen. Es gibt Teilnehmer, die sind mir auch noch Jahre nach dem Kontakt in lebendiger Erinnerung. Meist, indem sie ein bestimmtes Verhalten oder eine besondere

Eigenschaft bei mir verankert haben. Das kann das äußere Erscheinungsbild sein oder eine Verhaltenseigenschaft, die aus dem Rahmen fiel und so stark ausgeprägt war, dass sie einfach in Erinnerung blieb.

Marke „ICH" n arbeiten ganz bewusst mit diesen Ankern. Ich habe Ihnen drei weitere Beispiele mitgebracht:

Denken Sie an Steve Jobs. Wie kam dieser zu seinen viel beachteten und oftmals lang ersehnten Auftritten, um das neuste Apple-Produkt zu präsentieren? Eine gut gemachte Show, in der ganz das Produkt und die Marke im Vordergrund standen. Er selbst, im schlichten dunklen Rollkragenpullover, drückte zurückgenommenes Understatement aus. Im Mittelpunkt stand der Apfel! Keinerlei Ablenkung durch die Person Steve Jobs von seinem Augapfel. Glaubwürdigkeit und Fokus sind Begriffe, die mir hierzu einfallen. Wie geht es Ihnen?

Oder Udo Jürgens? Der Musiker, der am Ende seiner Show mit dem gläsernen Klavier im weißen Bademantel vor sein Publikum trat. So kannte ihn sein meist weibliches Publikum, diesen Auftritt haben seine Fans immer und immer wieder erwartet. Dabei positionierte sich Jürgens erst recht spät. Als er noch als „Coverschnulzensänger" Lieder anderer Komponisten intonierte, war er reines Mittelmaß, trotzdem schon populär. Erst als er sich traute, mit seinen eigenen Songs und Texten den Markt zu erobern, als er sein eigenes Ding machte, wurde er zur Marke.

Und noch ein weiterer Udo behauptet: „Ich mach mein Ding!", und das sehr erfolgreich. Udo Lindenberg macht sein Ding, „egal was die anderen sagen".[4] Er polarisiert und verankert die Botschaft, dass er sich die Welt so gestaltet, wie sie ihm gefällt. Widerstand lässt ihn erst zur Hochform auflaufen. Das war schon beim „Sonderzug nach Pankow" so und wird auch bei seinem persönlichen Lebenswandel in Szene gesetzt. Bei ihm gehört der Widerspruch zur Marke: Alternder Rocker wohnt im Fünf-Sterne-Hotel Atlantik und gestaltet dort die Wände mit seinen Gemälden.

Übung 2.4.: Meine Anker

Was habe ich bisher in meinem Umfeld verankert?
Durch mein Erscheinungsbild …

_____

_____

_____

_____

_____

---

[4] Lindenberg, Udo: „Titelzeile des gleichnamigen Songs: „Ich mach mein Ding".

Durch mein Verhalten …

_____
_____
_____
_____
_____

Was möchte ich zukünftig verankern?

_____
_____
_____
_____
_____

Welche Symbole und Verhaltensmuster sind dabei hilfreich für mich?

_____
_____
_____
_____
_____

Auch klar formulierte bildhafte Botschaften oder Werte, die der Marke „ICH" zugeschrieben werden, können ein starker Anker sein. Denken Sie an Prinzessin Diana. Im August 2017 war sie durch den zwanzigsten Todestag in den Medien so präsent wie früher. Sie hatte eine unstrittige Professionalität im Umgang mit den Medien. Als Marke „ICH" entwickelt sie sich von „Shy Di" zur „Königin der Herzen". Welch ein metaphorischer Anker für die ihr wichtigen karitativen Werte.

Die klare Abgrenzung zur Konkurrenz schärft das Profil der Marke und auch der Marke „ICH". Doch nicht scharfzüngig und „unter der Gürtellinie", wie es bei vergleichender Werbung manchmal passiert. Und zwar so lange, bis es zur einstweiligen Verfügung kommt. Viel erfolgreicher ist es, die Stärken Ihrer Konkurrenz zu kennen und die eigene Positionierung entsprechend abzugrenzen. Heißen Sie Ihre Mitbewerber herzlich willkommen! Positive Wertschätzung der Konkurrenz entschärft den Wettbewerb, schärft Ihr Profil und hilft Ihnen, eigene Vorzüge klar herauszuarbeiten.

Wenn Ihr Mitbewerber z. B. eine „typisch deutsche" Herangehensweise hat, machen Sie es wie ein Amerikaner. Kennen Sie typisch deutsche

Präsentationen? Unsere Kollegen aus dem anglo-amerikanischen Raum amüsiert das immer wieder: Sie dürfen einer langen Hinführung zum Thema lauschen, der Redner erzählt derweil viel über sich und seine eigene Expertise, Details haben einen hohen Stellenwert und werden gern auf PowerPoint-Charts mit möglichst vielen Zahlen und kleiner Schrift dargeboten. Wenn dann die Zusammenfassung und Empfehlung kommen, sind unsere Kollegen schon längst gedanklich ausgestiegen, auch wenn sie immer noch nett und verbindlich lächeln. Das umgekehrte Vorgehen können wir von den Amerikanern und Briten lernen: Klare Positionierung statt Überfütterung mit Argumenten, und selbst „trockene" Themen dürfen Spaß machen und können bildhaft erläutert werden.

Machen Sie Ihr Ding! Trauen Sie sich aus dem Mittelmaß heraus und werfen Sie Anker! Behalten Sie Ihre Konkurrenz im Auge und grenzen Sie sich auf positive Weise ab. Egal was die anderen sagen!

Zusammenfassung Kap. 2:

Eine starke Marke hat folgende Eigenschaften:

- eine hohe unterstützte Bekanntheit
- einen hohen Wiedererkennungsgrad
- erkennbare Stärken
- wird als konsistent und eindeutig wahrgenommen
- polarisiert
- verankert ihre Kernbotschaften
- bietet eine positive Abgrenzung zur Konkurrenz

Was haben Angela Merkel und Udo Lindenberg gemeinsam? Genau diese Eigenschaften! Anhand weiterer etablierter Marke „ICH" n wie Steve Jobs und Udo Jürgens werden in diesem Kapitel die Elemente einer starken Marke „ICH" analysiert. Gezielte Fragestellungen helfen Ihnen dabei, ihre eigene Marke „ICH" zu entwickeln.

Literaturverzeichnis Kap. 2

Mahlstedt, Anja (Wiesbaden 2016): Wie Frauen erfolgreich in Führung gehen, Springer Gabler Verlag, 2016

Lüder, Peter (München 2014): Wie würde Jonny Depp präsentieren, Redline Verlag, 2014

https://interaktiv.morgenpost.de/kanzlerkandidaten-bundestagswahl-2017/ Die Gesten von Merkel und Schulz, Zugriffsdatum 3. Dezember 2017

Weiterführende Videos Kap. 2

Mahlstedt, Anja: „MARKE-Strategie" in Karrieretipps to go https://youtu.be/9v DlL16y-GU

Zervakis, Linda: Das Experiment, , **Zugriffsdatum 01.06.2017** http://www.ndr. de/fernsehen/sendungen/Das-Experiment-mit-Linda-Zervakis-1,doku1010.html Die Journalistin und Tagesschau-Sprecherin Linda Zervakis will wissen, wovon sich Menschen beeinflussen lassen. Welche Bedeutung haben Herkunft Kleidung und Aussehen?

3

Wie Sie zur Marke werden: Die Toolbox für Ihre Weltmarke mit drei Buchstaben

Die MARKE-Strategie

Elektronisches Zusatzmaterial
Die Online-Version für das Kapitel (https://doi.org/10.1007/978-3-658-21702-0_3) enthält
Zusatzmaterial, das berechtigten Benutzern zur Verfügung steht. Oder laden Sie sich zum Streamen der
Videos die „Springer Nature More Media App" aus dem iOS- oder Android-App-Store und scannen Sie
die Abbildung, die den „Play button" enthält.

© Springer Fachmedien Wiesbaden GmbH, ein Teil von Springer Nature 2018
A. Mahlstedt, *Ihr Weg zur Marke „ICH"*,
https://doi.org/10.1007/978-3-658-21702-0_3

3.1 Die MARKE-Strategie

Jetzt geht es an das konkrete Er- und Bearbeiten Ihres Herausstellungsmerkmals und der konkreten nächsten Schritte, damit Ihre Positionierung und Ihr Mehrwert dessen würdig sind, dass man Sie sich merkt! Sie werden Ihre persönliche Strategie erarbeiten, damit Sie sich so etablieren und positionieren können, dass mittelfristig keiner mehr an Ihnen vorbeikommt. Wäre das nicht schön, wenn Sie mit Ihren Stärken und Ihrem Können eine Nachfragewirkung erzielten? Nachfrage nach Ihnen und Ihren Kompetenzen? Dann müssen Sie nicht um den nächsten Karriereschritt oder das nächste Projekt bitten, sondern Sie werden gebeten. Und das fühlt sich doch deutlich besser an, als Bittsteller zu sein! Um einen regelrechten Nachfragesog zu entfachen, braucht es Klarheit in vielen Bereichen: Klarheit über Ihre Stärken, Ihren Fokus und über Ihre Entwicklung. Die gute Botschaft ist, dass das meiste bereits in uns schlummert. Es gilt nun, den Schatz zu heben!

Ich bin ein großer Freund von Ankern und kleinen Merkhilfen. Damit Sie während der Umsetzungsphase und der Etablierung Ihrer Markenpersönlichkeit immer wieder die wichtigsten Elemente vor Augen haben, hier die Abkürzungen in der MARKE-Strategie für Sie:

> Setzen Sie mutig Ihr Alleinstellungsmerkmal mit Ihren Ressourcen und Kompetenzen ein!

M steht für Mut

Es braucht Mut, um sich aus der allgemeinen Masse herauszubewegen ins Rampenlicht. Was hindert uns daran, uns zu trauen? Ängste kann man überwinden und Stress in den Griff bekommen. Dazu braucht es allerdings eine individuelle Auseinandersetzung mit beiden Themen.

Machen Sie es sich bequem, legen Sie Schreibwerkzeug bereit und los geht es! Kommen Sie Ihren inneren und äußeren Hürden auf die Spur und entwickeln Sie Ihre persönliche Erfolgsstrategie.

A steht für Alleinstellungsmerkmal

Alleinstehen kann manchmal sehr erfolgreich sein. Wir verlieren oftmals den Fokus, wenn wir versuchen, allen Erwartungen gerecht zu werden. Wir befinden uns im Hamsterrad, sammeln Fleißkärtchen und verlieren unsere echten Stärken aus dem Blickfeld. Diese Stärken wieder mehr in den Blick zu nehmen und auszubauen macht Spaß und führt zum Erfolg! Stellen Sie sich vor, dass man gleich an Sie denkt, wenn diese Stärke nachgefragt wird. Dann haben Sie es geschafft und sich positioniert. Dahin kann und soll die Reise gehen.

R für Ressourcen

Beim „R" der MARKE-Strategie wird es darum gehen, welche Ressourcen Sie nutzen können, um Ihre Stärken erfolgreich zu platzieren und auszubauen. Viele Menschen behaupten von sich, dass sie nicht gern im Mittelpunkt stehen und keine guten Netzwerker sind. Dabei ist es gar nicht so schwierig, das ABC des Netzwerkens zu beherrschen. Wir gehen der Frage nach, wer in das Netzwerk gehört, und wie es Ihnen gelingt, Ihr Netzwerk zu aktivieren und auszubauen.

K für Kompetenz

Kompetenz und Stärken liegen eng beieinander. Um Ihre Kompetenz auszubauen, können Sie von anderen lernen und sich gezielt Feedback einholen. Wie das „Modelling" funktioniert und welches Feedback wirklich wertvoll ist, dazu mehr unter „K" der MARKE-Strategie.

E für Einsatz

Einsatz und Engagement braucht es, um weiterzukommen. Das wissen wir und trotzdem fällt es uns manchmal schwer, ins Rampenlicht zu treten, wenn es darauf ankommt. Hier hilft gute Vorbereitung. Mit dem Elevator Pitch und Ihrem Radiospot sind Sie bestens gerüstet. So kommt keiner mehr an Ihnen vorbei!

3.2 M ... wie mutig

Es braucht Einsatz und Engagement, um weiterzukommen! Das wissen wir, und trotzdem reicht das allein noch nicht aus! Wer von Ihnen denkt sich insgeheim öfter einmal: „Ich muss nicht immer im Mittelpunkt stehen!" Es fällt es uns schwer, ins Rampenlicht zu treten, wenn es darauf ankommt. Wir fühlen uns beobachtet und bewertet. Selbst als erwachsener Mensch stehen wir unbewusst wieder vor der Schulklasse und fühlen uns der Macht der Mitschüler und des Lehrers ausgesetzt, der gleich sein Urteil verkünden wird. Das fühlt sich einfach nicht gut an und deshalb meiden viele Menschen das Rampenlicht.

Wenn ich vom Rampenlicht spreche, dann meine ich nicht nur die große Bühne, auf der ich eine Rede vor großem Publikum halte. Allein das Projektmeeting oder die wöchentliche Abteilungsbesprechung kann für einige von uns schon das Rampenlicht bedeuten, das sie fürchten.

„Ängste kann ich überwinden, Stress in den Griff bekommen!"[1] (Peter Lüder)

Ängste kann ich überwinden und Stress in den Griff bekommen. Damit dies gelingen kann, ist es wichtig, sich den Ängsten zu stellen und sie zu akzeptieren. Wenn ich hier von Ängsten spreche, dann meine ich Ängste, mit denen gesunde Menschen in neuen Situationen immer wieder einmal konfrontiert werden. Ängste, die als extrem bedrohlich oder existenziell wahrgenommen werden, gehören in therapeutische Hände!

Welche Ängste sind es, die uns das Leben in neuen und herausfordernden Situationen immer wieder schwermachen? Wir haben häufig Angst, nicht zu genügen und den Erwartungen anderer nicht gerecht zu werden. Damit droht ein Gesichtsverlust, der uns unangenehm ist und daher zu vermeiden ist. Also begeben wir uns lieber nicht aus unserer Komfortzone heraus. Dann kann es erst gar nicht zu einem Gesichtsverlust kommen, und das ist auch gut so. Oder doch nicht?

Ich bin davon überzeugt, dass wir erst außerhalb unserer Wohlfühlzone wirklich wachsen können. Und dazu kommen wir nun mal nicht umhin, uns unseren Ängsten zu stellen, sie anzunehmen und als dazugehörig zu akzeptieren. Dazu gibt es gleich mehrere ganz wunderbare Videos bei ITunes. Die Empfehlungen dazu finden Sie, wie auch schon vorher, im Anhang!

Was passiert, wenn ich Ängste ausblende oder ignoriere? Sie kommen wieder und zwar gleich mit mehreren starken Helfern, die uns daran erinnern, dass wir noch gar keinen Schritt weiter sind. Schiebe ich die Situation, die mir herausfordernd erscheint, auf, dann wird die Versagensangst meist zunehmen und der Berg höher und schwerer zu überwinden. Kennen Sie das von Prüfungssituationen? Aufgeschobenes potenziert die Angst. Positive Erfahrungen helfen, durch die Angst des Neuen hindurchzugehen. Ich erinnere mich dabei immer wieder gern an den Satz meines Englischlehrers kurz vor dem Abitur. Er hat uns damals ganzheitlich auf das Abi vorbereitet, indem er nicht nur über die Prüfungsaufgaben sprach, sondern auch über die unterschiedlichen Erfolgsstrategien, die Schüler haben, um diese Prüfung zu bestehen. Aus seiner Erfahrung waren das gute Vorbereitung, gute Vorbereitung und noch einmal gute Vorbereitung. Die Botschaft: „Wenn ihr diese erste wirklich große Prüfung gut geschafft habt, dann können euch auch weitere Prüfungssituationen nichts mehr anhaben. Ihr wisst, dass ihr es könnt,

---

[1] Lüder, Peter (München 2014): Wie würde Jonny Depp präsentieren, Redline Verlag, S. 20.

und darauf werdet ihr euch immer verlassen können!" So seine Worte, auf die ich mich später noch oft und gern besonnen habe. Sich auf sich selbst verlassen zu können. Welch schöne Vorstellung. Warum fällt uns das nur manchmal so unendlich schwer?

Wir haben es oft noch nicht verinnerlicht, sich selbst der beste Freund zu sein. Stattdessen schenken wir dem inneren Kritiker Gehör, setzen unsere eigenen Erwartungen sehr hoch und fokussieren uns eher auf die Misserfolge als auf die bereits erzielten Erfolge. Diesen Blick zu verändern kann ich förmlich trainieren. Machen Sie Ihren inneren Kritiker zum inneren Qualitätsmanager. Er bewahrt Sie davor, ohne ausreichende Vorbereitung loszustürmen. Er sollte aber nicht das letzte Wort haben, sonst bleiben Sie da, wo Sie sind, und zwar in Ihrer Komfortzone.

Sicher können Sie nachvollziehen, dass die meisten Schauspieler vor der Premiere Lampenfieber haben. Je nach Stärke dieses „Fiebers" sprechen sie von Auftrittsangst oder von geballter Konzentration. Es gibt Schauspieler, die mit dem Spiel aufgehört haben, weil sie zu viel Routine verspürt und kein Lampenfieber mehr gespürt haben. Dadurch konnten sie ihre Leistung nicht mehr auf den Punkt abrufen. Gut zu wissen, dass solche Ängste also auch hilfreich sein können, es kommt wie so oft auf den Blickwinkel an!

Leichter gesagt als getan, denken Sie? Mich setzen Situationen, in denen ich mich im Rampenlicht präsentieren soll, trotzdem unter Stress. Was malen Sie sich aus, wenn Sie an diese Auftrittssituationen denken? Wie gestalten Sie Ihr Kopfkino? Wir drehen sehr häufig unseren inneren Film ohne Happy End, das passiert unbewusst, programmiert uns allerdings auf Misserfolg. Genauso wie ich Autor dieses Horrorszenarios sein kann, habe ich auch Einfluss auf ein deutlich besseres Ende. Gehe ich davon aus, dass mir meine Zuhörer und Kollegen wohlgesonnen sind, dann kann ich auch annehmen, dass sie mir zuhören, weil ich etwas zu sagen habe, das Mehrwert stiftet. Schließlich bin ich gut vorbereitet. Dafür hat mein innerer Qualitätsmanager ja bereits bestens gesorgt!

Ein weiterer Aspekt, der dabei hilft, seine Ängste zu überwinden, ist – neben dem Vertrauen in sich, seine Fähigkeiten und seine Unterstützer – auch das Verstehen der Hintergründe der Angst. Ich bin gerade dabei, meinen Motorradführerschein zu machen. Im Alter von über 50 Jahren ist es für mich schon eine Hürde, den Kopf auszuschalten, wenn es darum geht, mich wirklich in die Kurven zu legen. Gerade hier kann mir der kurzfristige Rückzieher, das Hadern, der Fuß, der dann doch noch schnell die Bremse tritt, eher zum Nachteil geraten. Ich verliere die Kontrolle über mein Gefährt. Glücklicherweise habe ich einen sehr erfahrenen und geduldigen Lehrer an meiner Seite. Bevor ich mich das erste Mal überhaupt auf die Maschine setzen durfte, hat er mir erst noch einmal physikalische Zusammenhänge nahegebracht, die lange verschüttet waren: Von den Kreiselkräften hatte ich zwar in der Schule schon gehört. Aber den Zusammenhang, dass das Rad sich automatisch aufgrund dieser wirkenden Kräfte aus der Schräglage wiederaufrichten wird, hatte ich erst nach der Auffrischung wirklich verstanden. Durch diese Auseinandersetzung habe ich die Angst reduziert und das Vertrauen verstärkt. Übung und Ausprobieren helfen natürlich auch weiter, um die ersten Erfolge zu erleben. Profisportler machen schon lange Mentaltraining, um Sicherheit in den Bewegungsabläufen zu bekommen und um sich auf einen Sieg positiv einzustimmen. André Agassi wird nachgesagt, dass er ein Meister des mentalen Trainings sei. Schon 10 000-mal im Kopf gewonnen, war es am 22. Juni 1992 für ihn endlich soweit: Er gewann das Wimbledon Finale.[2] In meinen Seminaren nutze ich diese Übungen oft, um das Thema Auftrittsangst zu bearbeiten. Es hilft, sich wirklich vorzustellen, wie der eigene Vortrag erfolgreich präsentiert wird. Wie das Publikum wohlwollend folgt und wie der Applaus hinterher aufbrandet. Gleiches machte mein Motorradlehrer mit mir, um in mir die Bewegungsabläufe zu verankern und mir Sicherheit und Vertrauen zu geben. Und zwar schon ganz zu Beginn und im Vorfeld des praktischen Fahrtrainings. Grundsätzlich ist das mentale Training sehr wirksam, um sich sowohl körperlich als auch geistig und emotional zu stärken. In der Verhaltenstherapie wird das Mentaltraining eingesetzt, um Ängste zu überwinden. Hier geht es insbesondere darum, negative Gedankenschleifen zu unterbrechen und umzuformulieren. Visualisierungsübungen können ein regelrechtes Trainingsprogramm sein, um diese negativen Gedankenschleifen zu überwinden und damit Ängste in den Griff zu bekommen. Je entspannter Sie sind, bevor Sie die Imaginationsübungen machen und Ihre Vorstellungskraft trainieren, umso stärker ist die Wirkung.

Es gibt viele unterschiedliche Entspannungsübungen. Gerade Atemübungen helfen uns, in herausfordernden beruflichen Situationen unserem Körper zu signalisieren, dass wir alles im Griff haben und es keinen Fluchtreflex zu geben braucht. Wie schnell die Wirkung der Visualisierung eintritt und wir mit allen unseren Sinnen reagieren, kennen Sie vielleicht schon aus der nachfolgenden Übung. Auch wenn Sie sie schon kennen sollten, sie funktioniert trotzdem, probieren Sie es aus!

---

[2] André Agassi gewann am 22. Juni 1992 das Wimbledon Finale gegen Goran Ivanisevic, 6:7, 6:4, 6:4. 1:6, 6:4.

Übung 3.1.: Visualisierungsübung

Setzen Sie sich ganz entspannt hin, nehmen Sie ein paar tiefe Atemzüge und schließen Sie dann Ihre Augen.

Stellen Sie sich jetzt bitte vor, Sie halten eine reife gelbe Zitrone in den Händen. Sie nehmen den frischen säuerlichen Geruch wahr und schneiden die Zitrone jetzt mit einem imaginären Messer in zwei Hälften. Riechen Sie noch einmal in Ihrer Vorstellung an der einen Zitronenhälfte, bevor Sie sie jetzt an den Mund führen und gedanklich hineinbeißen. Was passiert?

_____

_____

_____

_____

_____

_____

Vermutlich haben Sie gemerkt, wie Sie Ihr Gesicht verziehen und sich Ihre Speichelproduktion verstärkt?

Was kann im schlimmsten Fall passieren?

Diese Frage habe ich mir im letzten Jahr mehrmals gestellt, nachdem ich mein erstes Buch beendet hatte. Das Script war fertig, aber ein Verlag nicht in Sicht. Eine Kollegin, schon mehrfache Bestsellerautorin, riet mir, ihre Agentin zu nutzen. Gesagt, getan – die Antwort war mehr als ernüchternd: „Sie haben eine gute Schreibe, Frau Mahlstedt, aber das Thema ist schon stark besetzt, da finde ich keinen Verlag für Sie!"

Ich fertigte daraufhin eine Liste von Verlagen, bei denen ich am liebsten veröffentlichen würde. Fing mit dem letzten auf der Liste zu Übungszwecken an und nahm mir dann den vor, den ich weit oben sah. Immer begleitet von der Frage „Was soll im schlimmsten Fall passieren?", denn mit diesen Akquisitionsanrufen begab ich mich aus meiner Komfortzone heraus. Die meisten von uns sind nicht gern Bittsteller, sondern werden lieber gebeten. Das Endergebnis machte mich glücklich: Mein Wunschverlag sagte sofort zu, ein paar Wochen nach dem Telefonat war der Vertrag unterschrieben.

So weit zum Glück der Überwindungsprämie. Fragen Sie sich öfter: „Was kann im schlimmsten Fall passieren?" Und wenn Sie mit der Antwort leben können, dann trauen Sie sich, es einfach einmal zu machen! Und vergessen Sie vorher bitte nicht, sich das positive Ende Ihrer Geschichte zu visualisieren!

Machen Sie es wie die Millennials!

Kommt man noch an Ihnen vorbei oder sind Sie in und mit Ihrem Themenfeld bereits präsent? Und falls noch nicht in ausreichender Form, warum ist es Ihnen bisher noch nicht gelungen, präsent zu sein? Das „Wo" und „Wie" sind meist gar nicht so schwer, das ist kein Rocket Science. Vermutlich kennen Sie die Unternehmensbühnen, auf denen Sie sich tummeln sollten. Das können Fachvorträge, Beiträge auf Unternehmensveranstaltungen sein. Ein Statusbericht über den aktuellen Projektstand in der firmeninternen Broschüre oder, oder oder … Gelegenheiten gibt es genug. Genauso wie die Bühnen, die sich außerhalb des Unternehmens bieten. Die Publikation in einer Fachzeitschrift, die Key Note auf einer Messe, die stärkere Präsenz auf Netzwerkveranstaltungen. Die Frage ist doch eher, warum tun wir das nicht öfter und warum fällt uns das oftmals so schwer? Die Ängste und der Stress, der produziert wird, wenn wir uns auf neues Terrain trauen, habe ich schon beschrieben. Ängste kann ich überwinden und Stress in den Griff bekommen, wenn ich die neuen Herausforderungen mit all den dazugehörenden Emotionen annehme.

Wir müssen uns aus unserer Komfortzone hinausbewegen und das fühlt sich nicht so gut an. Dann bewegen wir uns auf unsicherem Terrain und das mögen wir Menschen nun einfach so ganz und gar nicht.

Wie kann es also gelingen?

In meinen Augen können wir sehr viel von der Generation der Millennials, die jetzt nach der Ausbildung in die Unternehmen drängt, lernen. Vielfach beschimpft als „Generation Pippi Langstrumpf" von der „Wirtschaftswoche" oder, noch kreativer, vom „Spiegel" als „Diva beim Dorftanztee". Ich denke, da wird ihnen recht viel Unrecht getan. Diese Generation hat schon frühzeitig erlebt, dass sie nicht auf Sicherheit bauen kann. Für sie ist die Finanzkrise mehr oder minder bereits Alltagsgeschäft. Bei einem Arbeitgeber starten und sich dann dort bis zur Rente mit einer Schornsteinkarriere weiterentwickeln? Heute doch undenkbar! Also heißt es, sich zu bewegen. Überschaubare Risiken einzugehen, auch wenn ich noch nicht ganz genau weiß, ob es denn gehen wird und ob ich das Know-how schon zu 100 Prozent mitbringe. Dies ist die Generation der Start-ups, die einfach mal machen. Manchmal sicher mit merkwürdigen Ideen, an die sie glauben und für die sie Berge versetzen. Die auch das Unperfekte willkommen heißen. Hier kann die Generation X nicht nur von der Generation Y lernen, sondern auch die Frauen von den Männern. Welcher Mann dreht sich schon länger vor dem Spiegel als nötig und sagt: „Nee, das würde ich jetzt doch lieber nicht anziehen, das sitzt doch nicht so ganz optimal … "?

„Einfach mal machen": ein schöner Satz, der Mut macht. Dazu haben Dennis Betzholz und Felix Plötz ein wunderbares Buch mit dem Titel „Palmen in Castrop-Rauxel" geschrieben. Sie haben ganz unterschiedliche Start-ups und Unternehmensgründer nach ihrer Erfolgsgeschichte befragt und genauer unter die Lupe genommen, wie diese Gründer mit Hindernissen umgegangen sind.

2012, Landgericht Frankfurt am Main. Auf der Anklagebank sitzen die drei Studenten Alex, Christina und Ingo. Sie wurden von der Deutschen Bahn angeklagt, gegen das Personenbeförderungsgesetz verstoßen zu haben. Dieses Gesetz stammt aus dem Jahre 1939. Damals wurde der Bahn aufgrund der hohen Investitionen, die in die Schiene investiert wurden, ein Monopol zugesichert, das noch bis ins neue Jahrtausend galt. Die drei Studenten hatten sich darüber geärgert, dass die von ihnen gewünschten Ziele zum Teil aus ihrer Sicht zu teuer und auch nicht immer pünktlich angesteuert wurden. Sie haben reagiert, indem sie erste Busse gemietet und geleast haben und ihr eigenes Busunternehmen, den „Flixbus", gegründet haben. Fortan bedienten sie ausgewählte Ziele zeitlich flexibler und kostengünstiger als die Bahn, die sich auf einmal einem ernst zu nehmenden Wettbewerber gegenübersah. Die Bahn verklagte die Studenten, die sich entsprechend auf der Frankfurter Anklagebank wiederfanden. Die Studenten gewannen den Prozess. David gewann gegen Goliath und Flixbus revolutioniert seitdem die Transportbranche. Hätten die Studenten sich schon vorab alle Hürden bis hin zu diesem Prozess ausgemalt, sie hätten sicher keinen einzigen Bus gechartert! Heute ist Flixbus Marktführer in der privatisierten Busbranche

Die Quintessenz, die mir im Gedächtnis geblieben ist:

„Einfach mal machen!"

Was hindert uns daran, einfach mal zu machen?

Das sind unsere inneren „Hinderer"! Die Teufelchen, die uns auf der Schulter sitzen und uns die Hürden, die noch gar nicht da sind, innerlich ausmalen lassen. Das Teufelchen sagt dann gern etwas wie: „Lass' mal, dafür bist Du noch nicht gut genug, das können andere besser!"

Hinzu kommen gern auch die äußeren „Bremser". Diese bestätigen unsere inneren Ängste und sagen: „Ohne Diplom brauchst Du es gar nicht zu versuchen. Denkst Du, die warten auf Dich?"

Das sind oftmals die Menschen, für die es unbequem wird, wenn sie sich weiterentwickeln. Schließlich wird dann der eigene Stillstand noch viel deutlicher!

Setzen Sie dem Folgendes entgegen:

„Wo kämen wir hin, wenn alle sagten, wo kämen wir hin und keiner ginge um zu sehen, wohin wir kämen, wenn wir gingen!"[3]

Und dann sind ja da noch die echten Hürden, die uns wirklich hindern. Wie gehen Sie mit diesen um?

Ob ich Gewinner oder Verlierer bin, sehe ich schon häufig am Start. Wie vollumfänglich bejahe ich das Ziel? Stelle ich das Ziel bei den ersten Hürden bereits wieder in Frage oder formuliere ich differenzierte Fragen, die mir bei der Zielerreichung helfen? Stelle ich das „Was" in Frage oder fokussiere ich mich auf das „Wie"? Wie gehe ich mit Fehlern um? Gehören die Fehler für mich auf dem Weg der Entwicklung dazu oder hadere ich mit ihnen? Bin ich „Abhaker" oder „Haderer"? Beim Tennis sagt man: „Gewonnen wird im Kopf!" Bei Spielern mit gleicher Qualifikation gewinnt der „Abhaker". Etwa Boris Becker: Schlug er einen Ball ins Netz, dann analysierte er, wenn überhaupt, nur kurz die falsche Schlaghaltung. Viel wichtiger war der Fokus auf den nächsten Schlag. Abhaken, aufstehen und weitermachen.

Übung 3.2.: Mut

Für welche Themen bei der Verankerung meiner Marke „ICH" fehlt mir noch das letzte Quäntchen Mut?

_____

_____

_____

_____

_____

_____

Was kann im schlimmsten Fall passieren, wenn ich mich ganz aus meiner Komfortzone heraustraue?

_____

_____

_____

_____

_____

Wie vollumfänglich bejahe ich meine Ziele?

_____

_____

_____

---

[3] Zitat von Kurt Mati (1921–2017), Schweizer Pfarrer, Schriftsteller und Lyriker.

_____
_____
_____
_____

Wie gehe ich mit Fehlern um?

_____
_____
_____
_____
_____

Was kann mir helfen, Fehler schneller abzuhaken und mich auf den nächsten Schritt zu konzentrieren?

_____
_____
_____
_____
_____

Ob ich „Haderer" oder „Verlierer" bin, kann ich schon zu Anfang sehen. Ich kann meine Haltung und meine Einstellung programmieren und mich positiv auf die Zielerreichung einstellen.

Theatermacher sagen: „Die Geste folgt dem Gedanken." (Abschn. 1.3.)

In meinen Seminaren führe ich dazu mit meinen Teilnehmern gern ein kleines Experiment durch. Sind Sie dabei?

Übung 3.3.: Meine innere und äußere Haltung

Stehen Sie vom Lesen des Buchs ruhig einmal auf. Legen Sie das Buch kurz zur Seite und stellen sich aufrecht hin. Seien Sie dabei ganz locker in den Knien. Dann ziehen Sie die Gesichtsmuskeln in die Höhe, die Ihre Mimik zu einem Lächeln formen. Heben Sie Ihre Arme hoch in die Luft und rufen Sie ganz laut: „Mir gelingt überhaupt gar nichts!"

Danke

Und, ... glauben Sie das eben Gesagte?

_____
_____

_____

_____

_____

_____

Vermutlich nicht!

Sie haben Einfluss auf Ihr Denken, Fühlen und Handeln! Und noch zwei kleine eher humorvoll gemeinte Impulse, um Hürden hilfreicher zu meistern:

Erwarten Sie nur das Beste und drehen Sie sich Ihren eigenen Film, gerade wenn es schwierig zu werden droht. Das können wir von Schwangeren lernen, die hormongesteuert glücklicherweise meistens nur das Beste erwarten. Oder wie oft haben Sie schon einmal von einer schwangeren Frau mit einem sehr zweifelnden Unterton gehört: „Na mal sehen, was dabei wohl rauskommt!"?

Außerdem helfen ein Umfeld und eine Haltung, die der Begriff „Karaoke Confidence" auf den Punkt bringt. Haben Sie sich schon einmal als Karaoke-Sänger versucht? Dort auf der Bühne im Rampenlicht? Keiner erwartet wirklich von Ihnen, dass Sie die perfekte Show abliefern, Ausprobieren ist erlaubt, Fehler amüsieren das Publikum. Welch ein großartiger Rahmen, um sich ins Rampenlicht zu trauen.

Ich selbst habe diese Erfahrung im Rahmen einer Weihnachtsfeier gemacht. Auf der Reeperbahn in Hamburg hatte das Unternehmen, für das ich damals erst seit Kurzem tätig war, eine Bühne mit einer Profi-Karaoke-Anlage angemietet. Jeder musste auf die Bühne. Ich machte mich also beherzt ans Werk. Geblendet von den Scheinwerfern sah ich kein einziges Gesicht der Zuhörer, nur den Text auf dem Teleprompter. Aber die Musik trug mich. Ich gab alles! Volumen meiner Stimme und Performance saßen, wie ich fand. Das Publikum klatschte begeistert und ich stieg glücklich von der Bühne. Im Waschraum hinter der verschlossenen Tür entspannte ich mich und lauschte einem Gespräch zwischen zwei Damen, die kurz nach mir in den Waschraum kamen. Sagte die eine: „Na, die hat sich ja was getraut. Die hat gar nicht gemerkt, dass sie immer einen halben Ton zu tief war!" Darauf die andere: „War ja wirklich lustig, klasse Performance, echt sympathisch, aber schräg!"

Schämen oder darüberstehen, das war damals für mich die Frage. Ich entschied mich für Letzteres und hatte einen wunderbaren Abend. Karaoke singe ich übrigens immer noch sehr gern!

Zusammenfassende Tipps:

- Lassen Sie Lampenfieber zu, es führt zu gesteigerter Konzentration.
- Unterscheiden Sie zwischen Stress und echter Angst!
- Stress können Sie durch Übung und gute Vorbereitung in den Griff bekommen.
- Die innere Haltung „Einfach mal machen!" hilft!
- Die Frage „Was kann im schlimmsten Fall passieren?" verändert den Rahmen der Betrachtung!
- Nur das Beste zu erwarten verändert das Kopfkino!
- Karaoke Confidence hilft, sich aus der Komfortzone herauszutrauen.

Wer jetzt immer noch sagt: „Ich muss nicht immer im Mittelpunkt stehen", der ergänzt diesen Satz bitte zukünftig um den Zusatz:

„Ich muss nicht immer im Mittelpunkt stehen, im Mittelpunkt sitzen reicht auch!"

3.3 A ... wie Alleinstellungsmerkmal

Kommen wir zum Kernpunkt Ihrer MARKE-Strategie: Ihrem Alleinstellungsmerkmal. In der Markensprache auch Unique Selling Proposition (USP) genannt. Wie lässt sich diese herausarbeiten? Die herausragende Eigenschaft, die Sie einzigartig und besonders macht. Der Begriff ist im Rahmen einer Marketingtheorie im Jahre 1940 von Rosser Reeves eingeführt worden.[4] In der Produktwelt verspricht der USP als einzigartiges Verkaufsangebot eine besondere Eigenschaft des Produkts, damit dieses sich von bereits Vorhandenem abhebt, und damit einem Vorteil gegenüber bereits eingeführten Produkten. Auf diese Weise wird es als höherwertig positioniert. Natürlich erhoffen sich die Hersteller dadurch, das Kaufinteresse zu steigern, einen Nachfragesog zu erzielen und mittelfristig einen Wettbewerbsvorteil zu erhalten. In der Regel handelt es sich bei dem Produkt-USP um ein materielles Merkmal. Ein Logo oder ein Slogan können auch als Alleinstellungsmerkmal gelten. Optische, haptische Reize oder Inhalte, die symbolhaften oder traditionellen Charakter haben, können Beispiele für Alleinstellungsmerkmale

---

[4] Rosser Reeves: „Aus der Masse mit einer Idee herausstechen, die zum Alleinstellungsmerkmal werden kann. Das verspricht mithilfe von kreativem Marketing Aufmerksamkeit und Wiedererkennungswert." Bitte Quelle ergänzen.

sein, die Aufmerksamkeit versprechen. So z. B. die Geheimrezeptur von Coca-Cola: die Marke, die als das Original positioniert ist.

Hier können wir ganz besonders von Markenmachern lernen. Bevor diese die Marke kreieren, beginnt die Arbeit genau an diesem Punkt, der Überlegung, was das Produkt am Markt zu einer Brand machen kann. Was ist das Besondere? Es muss die Eigenschaft gefunden werden, die diese zukünftige Marke von anderen Produkten unterscheidet. Diese Überlegung führt dann im Idealfall dazu, dass die Verbraucher bereit sind, für diese Marke vergleichsweise mehr auszugeben als für ein ähnliches No-Name-Produkt. Marken rufen Assoziationen hervor, sie verankern Begriffe und Emotionen, die Identität schaffen. Wir alle lassen uns von diesem Markenfieber anstecken, häufig ganz unbewusst.

Beispiel

Ich möchte mir mit Ihnen gemeinsam nachfolgend drei Marken betrachten:

1. Die Schokolade „Milka": In den 90er Jahren nahmen rund 40 000 Kinder an einem Malwettbewerb teil,[5] bei dem eine Kuh in bunten Farben verziert werden sollte. Ungefähr 30 Prozent der gestalteten Kühe waren lila! Die lila Kuh der Marke Milka war und ist also ein wirklich etablierter Markenanker. Bereits 1901 wurde der Name „Milka" als Marke eingetragen, und damit konnte die Schokolade als Markenprodukt verkauft werden. Hier sind die Farbe sicher herausstechend sowie die Rezeptur, die mit dem besonders zarten Schmelz im Vergleich zu anderen Schokoladen wirbt.
2. Das Taschentuch „Tempo": Tempo ist ein gutes Beispiel für die Markenetablierung, weil schon der Name als Synonym für vergleichbare No-Name-Produkte genutzt wird. Er ist bei den Verbrauchern so stark verankert, dass viele nicht fragen: „Hast Du ein Papiertaschentuch für mich?", sondern: „Kannst Du mir ein Tempo geben?" Keiner kommt auf die Idee, ein No-Name-Taschentuch abzulehnen, wenn die Nase läuft. Die Marke hat es also geschafft, namentlich für eine ganze Produktgruppe zu stehen. Wie ist das gelungen? „Tempo" ist im Jahr 1929 als erste Papiertaschentuchmarke in Berlin eingetragen worden. Ende der 80er Jahre wurden ca. 80 Millionen Taschentücher[6] am Tag hergestellt, in den 90er Jahren wurde Tempo zur Weltmarke, weil auch die Amerikaner das Papiertaschentuch für sich entdeckt haben. Ohne das Geheimnis der Marke wirklich zu kennen, vermute ich, dass die Qualität des Produktes dahintersteht. Die Qualität verspricht Reißfestigkeit bei gleichzeitiger Weichheit. Ich muss meine sowieso schon gequälte Schnupfennase nicht mit einem harten Taschentuch traktieren. Und auch wenn es einmal in der Waschmaschine landet, habe ich nicht überall lästige Flusen, sondern kann es in einem Stück wieder aus der Waschmaschine nehmen.

---

[5] Quelle: http://www.theintelligence.de/index.php/wissen/18806-alleinstellungsmerkmale-als-marketinginstrument-marken-traditionen-werbeartikel-und-physische-reize.html.

[6] Quelle: http://www.faz.net/aktuell/gesellschaft/tempo-ein-papier-taschentuch-macht-geschichte-1147928.html.

Hier ist die Marke also zum Gattungsbegriff geworden. Ein neues und innovatives Produkt hat die größten Chancen, dies zu erreichen und damit zum Inbegriff der Marke zu werden. Damit die Stellung als Innovator gehalten werden kann, müssen die Produkte allerdings fortlaufend an die Kundenwünsche angepasst werden, und die Mitbewerber und ihre innovativen Aktivitäten dürfen nicht unterschätzt werden. So musste Tempo auch schwierige Phasen überwinden, als der Mitbewerber „Softies", der eine innovative und sehr gut verschließbare Tüchertasche auf den Markt brachte, zunächst unterschätzt wurde.

3. Die Zigarettenmarke „Lucky Strike": Hier ist die Betrachtung des USP in meinen Augen ganz besonders interessant. Auch wenn man dem Produkt Zigarette sehr kritisch gegenübersteht, ist es ein Lehrstück für die Vermarktungsprozesse. Denn betrachtet man das Produkt Zigarette einmal genauer, dann besteht die gesamte Produktgattung, zumindest vor Erfindung der elektronischen Zigarette, aus dem Filter, dem Papier sowie dem Tabak. Und auch noch aus den Soßen und Zusatzstoffen, die für den einzigartigen Geschmack des Produkts sorgen sollen. Diese Rezepturen liegen wohlgehütet in den Tresoren der Tabakindustrie. Doch sind es wirklich der Geschmack und die Inhaltsstoffe, die eine „Lucky Strike"- von einer „Marlboro"-Zigarette unterscheiden? Der Konsument sagt voller Inbrunst „Ja" und ist sogar bereit, am späten Abend noch zu einer weiter entfernten Tankstelle zu fahren, sollte „seine" Marke einmal vergriffen sein. Gerade Rauchern wird eine besonders hohe Markentreue nachgesagt. Doch das kann nicht wirklich an dem Alleinstellungsmerkmal „Geschmack" liegen. Glaubt man Blindtests, bei denen in Marktforschungspanels Zigaretten geraucht werden, ohne dass die Testpersonen wissen, um welches Produkt es sich handelt, lassen die Ergebnisse anderes vermuten. Die Markentreue wird hier wohl nicht durch das besondere Geschmackserlebnis erzeugt, sondern vielmehr durch die emotionale Markenbotschaft der Werbung. Hiermit haben sich die Käufer, zumindest bis vor Kurzem, stark identifiziert. Kein Wunder, wenn man die Markenbotschaft einer Lucky Strike- und die einer Marlboro-Zigarette einmal vergleicht. Der Lucky-Raucher wird sich als intellektuellen urbanen Menschen erleben, wenn er seine Packung auf den Tisch legt. Für ihn ist der Wortwitz der Werbung ein Teil der Markenbotschaft. Der Marlboro-Raucher ist nicht der Cowboy der Stadt. Er galoppiert laut Kampagne als einsamer Reiter in die Abendsonne, neuen Abenteuern entgegen. Damit wird eine ganz andere Zielgruppe angesprochen. Das hat sich heute sehr verändert, da die Verpackung nicht mehr ausschließlich mit dem Logo mit hohem Wiedererkennungswert werben kann. An die Stelle des Logos sind Gesundheitshinweise getreten mit Bildern von geschädigten Rauchern, und zwar sowohl bei Lucky Strike als auch bei Marlboro. Aber die emotionale Werbebotschaft in der Markenstrategie bleibt bestehen und zeigt, welche Macht sie hat, um Marken zu formen.

Werbung erreicht uns emotional. Selbst wenn die Produkte so vergleichbar sind wie Papiertaschentücher oder Zigaretten. Die oben genannten Beispiele zeigen, was die Herausarbeitung des USP bewirken kann.

Wenn Sie also der Überzeugung sind, Sie sind doch Ihren Kollegen in Ihrer Kompetenz und Ihrer Leistung ganz ähnlich, dann lohnt es sich trotzdem, etwas mehr Sorgfalt auf die Erarbeitung Ihres Alleinstellungsmerkmals zu legen.

Abb. 3.1 Die Weltmarke mit drei Buchstaben

Vielleicht hilft Ihnen ja auch die Bezeichnung „Herausstellungsmerkmal" weiter. Das hört sich nicht ganz so einsam an. Was also wollen Sie herausstellen?

Die Weltmarke mit 3 Buchstaben
Wofür steht I C H bei Ihrer Marke „ICH"? (vgl. Abb. 3.1) Vielleicht für **i**nnovativ, **c**harmant und **h**ilfsbereit? Nett, aber nicht wirklich differenziert! Oder trifft **I**mmobilienexpertise auf **C**omputeraffinität und **H**umor? Schon besser! Es müssen auch nicht die Buchstaben I, C und H sein, die Sie für Ihre Herausstellungsmerkmale nutzen. Wichtig ist, dass Sie sie auf den Punkt formulieren. Machen Sie sich erste Gedanken, die weitere Feinarbeit können Sie im übernächsten Abschnitt leisten, wenn es um Ihre Kompetenzen geht. (Abschn. 3.5)

> **Übung 3.4.: Meine Marke „ICH"**
> Meine drei Buchstaben stehen für _____

Ich selbst habe mich für die Abkürzungen KZK entschieden. Das steht bei meinem USP für „Komfortzonenkitzler". Ich hole Menschen gern in meinen Seminaren, Workshops und Coachings aus ihrer Komfortzone heraus. Das versuche ich mit einer möglichst großen Leichtigkeit. Ich kitzele sie lieber wach, als sie zu ziehen oder zu schieben. Das ist in meinen Augen oft viel erfolgreicher, um Menschen in Bewegung zu setzen! Veränderung darf Spaß machen und sich leicht anfühlen!

Die Konkurrenz schläft nicht!
Marketingexperten überprüfen zunächst das Angebot der Konkurrenz, bevor sie eine Marketingstrategie entwickeln und das Alleinstellungsmerkmal definieren. Sie bestimmen ihre Wunsch-Zielgruppe und deren Bedürfnisse.

Das ist ein wichtiger Punkt, den Sie auf Ihre Marke „ICH" übertragen können und sollten. Kennen Sie Ihre Mitbewerber und deren Stärken und Schwächen? Wenn Sie freiberuflich tätig sind, vermutlich noch eher, als wenn Sie im Angestelltenverhältnis arbeiten. Doch auch hier ist die Frage durchaus berechtigt. Ihre Kollegen sind in diesem Fall Ihre Mitbewerber. Sie sind Ihre Mitbewerber um das nächste spannende Projekt oder die nächste Führungsposition. Was sind also deren Stärken, und was bringen Sie persönlich in Abgrenzung dazu mit?

Danach schauen Sie sich Ihre Zielgruppe an. Wer soll von Ihnen und Ihrer Leistung profitieren? Und was genau ist das, was heute und vor allen Dingen zukünftig gebraucht wird?

Mir fällt da z. B. das Thema Social Media dazu ein. Ich komme ursprünglich aus dem Personalbereich und habe mich selbstständig gemacht, als das Thema Social Media noch in den Kinderschuhen steckte. Möchte ich als HR-Professional heute meiner Karriere im Konzern weiter voranbringen, dann komme ich nicht umhin, meine Social-Media-Kompetenz weiter auszubauen. Hier kann ich einen echten Mehrwert bieten, gerade wenn meine Kollegen wenig bis gar keine Kompetenz mitbringen.

Übung 3.5.: Meine Wunsch-Zielgruppe

Wer soll von meiner Marke „ICH" und meinem USP einen echten Mehrwert haben?

_____

_____

_____

_____

_____

Wer bietet ähnliche Leistung an wie ich?

_____

_____

_____

_____

Was unterscheidet mich von diesen Mitbewerbern?

_____

Welche Bedürfnisse hat meine Zielgruppe heute, die ich mit meinem Angebot decken kann?

Welche Bedürfnisse wird meine Zielgruppe zukünftig haben, auf die ich mich heute schon einstellen kann?

Was konkret kann ich dafür tun?

Wenn das Alleinstellungsmerkmal etabliert und vom Markt im wahrsten Sinne des Wortes gekauft wird, dann gilt es, dieses zu halten und im besten Fall auszubauen. Es gilt, Glaubwürdigkeit und Vertrauen zu gewinnen. Oder wie in der aktuellen Automarkendiskussion das Vertrauen überhaupt erst einmal wiederzuerlangen. Dies ist dann das Feld der Öffentlichkeitsarbeit, der Public Relations (PR). Für Sie ist das selbstverständlich auch ein Thema, dem wir uns im Kapitel „E wie Einsatz" widmen. (Abschn. 3.6) Wie machen Sie Ihren Marktwert publik? Welche Strategie ist hier sinnvoll, um in aller Munde zu sein?

3.4   R … wie Ressourcen

Betreiben Sie Werbung für sich und Ihre Erfolge? Auch hier können Sie viel von der Markenartikelindustrie lernen.

Welche Werbebotschaft möchten Sie vermitteln und wer soll neben Ihnen selbst Ihr Werbebote sein? Wen müssen Sie mit entsprechendem Wissen über sich ausstatten, damit er Ihren Namen in passenden Situationen erwähnt? Und wie können Sie sich revanchieren, wenn er es denn tut?

Doch es gibt ein paar Spielregeln, die Netzwerken noch erfolgreicher machen

Stichwort „Netzwerken": Eventuell sagen Sie jetzt: „Oh nicht doch! Nach Feierabend will ich mich zumindest mit den Menschen umgeben, mit denen ich Spaß habe. Netzwerken empfinde ich als anstrengend! Manchmal habe ich mit den Netzwerkpartnern, die ich noch gar nicht so gut kenne, gar keine gemeinsamen Themen."

Müssen Sie auch nicht! Seien Sie einfach interessiert und hören Sie gut zu. Menschen sprechen am liebsten über sich selbst. Und wenn Sie Ihrem Netzwerkpartner das Gefühl geben, in diesem Moment sei er einer der wichtigsten Menschen für Sie im Raum, dann geben Sie ihm dieses gute Gefühl allein durch gute Fragen und interessiertes, aktives Zuhören. Versuchen Sie nicht, interessant zu sein, das ist nicht unbedingt sympathisch und außerdem auch anstrengend. Interessieren Sie sich lieber für die Dinge, die Sie hören. So mancher meiner Netzwerkpartner, bei dem ich zunächst gar keine Übereinstimmung feststellen konnte, hat sich als sehr angenehmer und überaus interessanter Gesprächspartner entpuppt.

Ich glaube ganz fest, dass es dabei wichtig ist, seine eigenen Vorurteile immer wieder zu hinterfragen. Gerade wenn wir uns nicht so sicher fühlen, bewerten wir ständig und versuchen, die Situation einzuschätzen, um Sicherheit zu gewinnen. Dabei bewerten wir und werten auch gern ab: Der ist anders als ich, kann ja nur schlechter sein. Oder: Die ist anders als ich und bewegt sich sicherer auf dem Parkett. Diese Gedanken fühlen sich nicht gut an, also sucht unser Unterbewusstsein schnell nach einer Eigenschaft, die wir zuschreiben und womit wir abwerten können. Leider funktionieren unsere Hirne so, um uns schnell wieder in die Komfortzone zu bringen. Umso wichtiger ist es, sich dieses Vorgehen immer wieder bewusst zu machen und neugierig zu bleiben. Damit verwandelt sich auch der anstrengendste Small Talk in Leichtigkeit.

Ein Beispiel:

Auf einem Langstreckenflug von Hamburg nach Seattle hatte meine Maschine schon bis New York starke Verspätung und die Anschlussflüge konnten nicht mehr erreicht werden. Die nachfolgende Maschine war komplett ausgebucht bis auf den Platz neben mir. Ich war übernächtigt und froh, mich auch den Nebensitz benutzen zu können. Bis, ja bis die Tür noch einmal aufging und ein stark übergewichtiger, und bärtiger Mann den Innenraum betrat. Er strebte dem letzten freien Platz zu, dem Platz neben mir, ließ sich in den Sessel plumpsen und meine Bewegungsfreiheit war von da an stark eingeschränkt. Mit meiner Gelassenheit war es vorbei und ich nahm schlagartig nur Negatives wahr: seine fast bedrohliche Körperfülle und sein zunächst erster Eindruck als ungepflegt. Bis er anfing, sich mit mir zu unterhalten: solch eine freundliche Begrüßung, helle wache Augen und nette Umgangsformen. Er erzählte gar nicht viel von sich, sondern stellte interessierte offene Fragen. Das Gespräch war kaum noch zu stoppen, und ich muss gestehen, dass ich mich lange nicht mehr so wohlgefühlt habe. Sechs Stunden später, bis zum Landeanflug auf Seattle war ich um einen Freund und neuen Netzwerkpartner reicher. Welche vertane Chance, wenn ich meinen ersten Eindrücken nachgegeben hätte. Oder anders formuliert: eine glückliche Fügung! Erinnern Sie sich an den in Kap. 1 diskutierten Begriff „Serendipität"? (Abschn. 1.5)

Machen Sie es wie Mr. Bond!

Sie haben Ihr Know-how ausgebaut, Sie bringen echten Mehrwert? Dann sind Sie es also wert, dass man sich Ihren Namen merkt? „Würdig" also schon, und trotzdem merkt man sich Ihren Namen (noch) nicht oft genug?

Lassen Sie uns zunächst gemeinsam ein bisschen Ursachenanalyse betreiben. Haben Sie einen schwierig auszusprechenden Nachnamen, den man sich einfach nicht merken kann? Sind Sie noch nicht auf den richtigen Unternehmensbühnen präsent oder halten Sie sich noch nicht ausreichend an den Grundsatz „Tue Gutes und rede darüber"? Vielleicht ist es ja auch eine Melange aus diesen Gründen.

Zunächst zur Verankerung Ihres Namens. Eindeutigkeit und Klarheit gelten auch hier, genauso wie der Wiedererkennungseffekt. Haben Sie nun einen etwas komplizierteren Namen, dann machen Sie es wie James Bond. Erinnern Sie sich? „Mein Name ist Bond, James Bond" ... und schon haben Sie das Unaussprechliche bereits zweimal verankert. Ich selbst glaube, dass ich mir nicht gut Namen merken kann. Zuhause hilft man mir mit „Eselsbrücken". Durch bildhafte Sprache lassen sich Namen gut verankern. So heißt unsere langjährige Kinderfrau Käthe von Pein. Bei uns zuhause liebevoll abgekürzt als „KVP", das Synonym für den „kontinuierlichen Verbesserungsprozess". Oder eine Maklerin, mit der wir in einer Geschäftsbeziehung verbunden waren, hörte auf den Namen „Ringel-Stieper". Zuhause mit der Eselsbrücke „Ringelnatter" versehen. Das allerdings kann dann auch in die falsche Richtung losgehen. Als sie eines Tages unangemeldet bei uns im Büro stand, hatte mein Hirn nur die Brücke der „Ringelnatter" parat. Sie nahm es mit Humor.

Wie also können Sie Ihren Namen mit einer Metapher verankern? Für meinen eigenen Namen gibt es gleich mehrere Möglichkeiten: Lasse ich das „h" unter den Tisch fallen, dann könnte ich das Bild derjenigen bemühen, die stets gern malt. Oder ich bringe die Verbindung zu dem dürren Drachen „Frau Mahlzahn" aus „Jim Knopf und die wilde 13". Die folgende Alternative gefällt mir am besten, weil ich sie direkt mit meinem beruflichen Tun in Verbindung bringen kann:

„Mein Name ist Mahlstedt, Anja Mahlstedt. Das kommt von Mahlstätte. So hieß früher der Platz der Zusammenkunft in jedem Dorf." Das kann ich gut in den Zusammenhang mit meinem beruflichen Tun bringen, denn auch hier bin ich selbst sehr gern mit Menschen in Kontakt und bringe sie untereinander in den Austausch.

Übung 3.6.: Mein Namensanker

Welches Bild fällt mir zur Verankerung meines Namens ein?

_____

_____

_____

_____

_____

Welche Geschichte kann ich zur Verankerung meines Namens nutzen?

_____

_____

_____

_____

_____

Wie hört sich das konkret an?

_____

_____

_____

_____

_____

Weiterführende Impulse und Fragestellungen finden Sie in meinem Podcast „Karrieretipps to go" zum Thema „Storytelling". Scannen Sie dazu den nachfolgenden QR-Code, und Sie erhalten direkten Zugang zum Video. Die dazu gehörige Karrierekarte gibt es für Sie außerdem zum Download auf www.mahlstedt-tcc.de

STORYTELLING

- Geschichten helfen Ihre Kernaussagen zu verankern.

- Eine gute Geschichte begeistert. Für welches Thema wollen Sie Ihre Zuhörer begeistern?

- Eine gute Geschichte weckt Emotionen. Welche Emotionen wollen Sie bei Ihren Zuhörern wecken, um Ihre Kernaussagen zu verankern?

- Ihre Zuhörer lieben die Identifikation! Wie beschreiben Sie die Protagonisten, damit Identifikation möglich ist?

- Eine gute Geschichte ist spannend. Wie bauen Sie den Spannungsbogen auf?

- Eine bildhafte Sprache weckt Bilder in den Köpfen Ihrer Zuhörer. Welche Bilder wollen Sie verankern?

- Drehbuchsprache und einfache kurze Sätze erleichtern das Verstehen. Wie können Sie die Drehbuchsprache einsetzen?

- Eine erfolgreiche Geschichte aktiviert. Wie bringen Sie den Zuhörer dazu, sich mit dem Thema intensiv auseinander zu setzen?

- Welche Geschichte wollen Sie erzählen? Was tun Sie dafür, dass Sie die Geschichten erleben, die Sie erzählen wollen?

KARRIERETIPPS TO GO

▶ https://www.youtube.com/watch?v=uSN6EMK_kF0&feature=youtu.be

Erfolgsfaktor Netzwerk

Netzwerken ist für mich „die auf Gegenseitigkeit beruhende Kooperation, um mit anderen Menschen die Zukunft zu gestalten und sich gegenseitig zu unterstützen". Wie lautet Ihre eigene Definition?

Ein alter Grundsatz der Personalentscheider besagt, dass gute Leute über gute Kontakte verfügen. In der Tat belegen Studien,[7] dass das persönliche Netzwerk einen bis zu 60-prozentigen Anteil an der erfolgreichen Karriereentwicklung hat. Also einen noch größeren Anteil als das Selbstmarketing und deutlich mehr Anteil als das Fachwissen, das mit mageren zehn Prozent nur einen geringen Ausschlag gibt. Gleiches gilt bei der Verankerung Ihrer Marke „ICH", denn Sie brauchen Werbeboten, die für Ihre Marke stehen. Wer ist da nicht besser geeignet als Ihnen wohlgesonnene Netzwerkpartner, die ausreichend Informationen über Ihren USP haben und Sie bei der Platzierung Ihrer Marke unterstützen?

---

[7] Regler, Gaby (2011): Zahlen zum Erfolg im Beruf – wirklich wahr? www.fuerfrauenvonfrauen.wordpress.com.

Trotzdem kommt das Netzwerken gerade in Zeiten der Höchstbelastung oft zu kurz. Da steht die Erledigung der Aufgaben gerade bei Frauen viel stärker im Fokus als die strategische Aufgabe des Netzwerkens. Außerdem sind wir häufig nicht gern Bittsteller. Aber so wird das Netzwerken falsch verstanden. Netzwerken ist viel mehr als der Austausch von Visitenkarten. Echtes Interesse und echter Kontakt sind hier gefragt!

Eine Kollegin von mir ist eine ausgezeichnete Netzwerkerin im Bereich Marketing und Consulting. Ich weiß, wenn ich einen Namen brauche oder Unterstützung suche, kann ich sie anrufen. Und wenn sie selbst nicht helfen kann, dann weiß sie zumindest, an wen ich mich wenden kann. Sie selbst hat recht spät Kinder bekommen. Wenn Frau mit kleinen Kindern voll berufstätig ist, dann ist das Netzwerken in den Abendstunden eine wirkliche Herausforderung. Sie hat aus der Not eine Tugend gemacht und sich eine Lösung überlegt: Um ihre Kontakte während der Elternzeit und auch in der für sie sehr anstrengenden Zeit danach pflegen zu können, hat sie einen Mittagstisch ins Leben gerufen. Ihre Netzwerkpartner wussten um die Qualität der Veranstaltung und sind ihrer Einladung gern gefolgt. So war eine Win-Win-Situation für beide Seiten entstanden! Lassen Sie sich immer von der Fragestellung „Was hilft meinen Netzwerkpartnern? Was ist gut für sie?" leiten. Eine andere Kooperationspartnerin von mir, die mit ihrem Beratungsunternehmen in London ansässig ist, hat sich von dieser Fragestellung leiten lassen und ein ganz neues Format gewählt. Viele ihrer Netzwerkpartner, vornehmlich Frauen, waren es leid, abends beim Dinner zusammenzusitzen. Sie wünschten sich mehr Bewegung. Und da es sich bekanntlich in Bewegung sehr gut kreativ denken und austauschen lässt, hat meine Kooperationspartnerin den „Netwalk" ins Leben gerufen. Zu einer fest vereinbarten Zeit lädt sie zu einem gemeinsamen Spaziergang und Austausch ein. Die Resonanz ist großartig. Also sollten Sie einmal in London sein, dann melden Sie sich gern an![8]

Machen Sie es mit mehr Augenmaß als Donald Trump!
Aber nicht nur das persönliche Netzwerken boomt. Wichtige Kontakte werden heute nicht nur auf Präsenznetzwerkveranstaltungen, Messen, beim Golfen oder an Stammtischen geknüpft. Gerade Online-Plattformen wie Networx, Facebook, Xing, LinkedIn und Twitter, um nur einige zu nennen, ermöglichen das Networking zu jeder Zeit ganz bequem vom heimischen Schreibtisch aus. Gerade im letzten US-Wahlkampf ist die Macht dieser Plattformen deutlich geworden. „Per Twitter kommuniziert Donald Trump mit seinen Anhängern,

---

[8] Karin Müllers Beratung finden Sie unter www.liebfrog.uk.

setzt Gegner unter Druck und attackiert die Medien."[9] Als im März 2016 der Wahlsieg noch weit entfernt war, hatte Trump bereits gut sieben Millionen Follower und wollte als gewählter Präsident eigentlich mit dem „Zwitschern"[10] aufhören. Da er die Macht dieses Mediums so erfolgreich für sich nutzt, hat er dieses Versprechen nie wahr gemacht. Heute hat er mehr als 28 Millionen Follower und seit seinem Amtsantritt mehr Hundert Tweets abgesetzt, im Durchschnitt 4,7 Tweets täglich. Für seine eigenen Tweets verwendet Trump auch heute noch seinen privaten Account @TheRealDonaldTrump und nutzt diesen als direkten Kommunikationskanal zu seinen Followern. Auf dem offiziellen Twitter-Account ist der Ton entsprechend angepasst.

Ich möchte Sie jetzt bestimmt nicht ermutigen, es Trump nachzutun. Aber ich bin davon überzeugt, dass auch „Netzmuffel" heute kaum noch an der Nutzung ausgewählter Online-Plattformen vorbeikommen, wenn sie wirklich ihre Marke „ICH" etablieren wollen. Strategisches Netzwerken setzt auf Langfristigkeit und Aktualität, und beides ist ohne Onlin-Plattformen kaum möglich zu kommunizieren. Netzwerken sollte Teil Ihrer Marketingstrategie sein, für die sowohl Disziplin als auch Energie aufzubringen sind.

Sie haben eine zusätzliche Qualifikation erworben, wollen sich regional oder überregional verändern, haben einen großen Projekterfolg zu feiern, wollen eine Netzwerkveranstaltung selbst organisieren oder haben sogar einen Beitrag veröffentlicht, der Ihren „Markenkern" stärkt? Dann erreichen Sie im Netz Ihre Partner schnell und problemlos. Das muss nicht unbedingt über Twitter sein!

Geschäftsgrundlage Vertrauen und Unterstützung
Auch wenn ich meinen Netzwerkpartner möglicherweise persönlich noch gar nicht gut kenne. Vertrauen, Zuverlässigkeit und Hilfsbereitschaft sind für mich wichtige Werte in der Netzwerkbeziehung. Das, was mir anvertraut wird, bleibt bei mir! Es sei denn, ich werde ausdrücklich darum gebeten, für meinen Netzwerkpartner diese Information zu streuen. Wenn ich um eine Empfehlung gebeten werde, dann schaue ich wirklich nach der Passung und versuche nicht, nur um diesen Wunsch zu bedienen, irgendjemanden zu finden, der den Auftrag erledigen könnte. Auch wenn das Angebot der Online-Netzwerke wächst und wächst: Vertiefender Kontakt lässt sich

---

[9] Quelle: http://www.zeit.de/politik/ausland/2017-04/donald-trump-twitter-100-tage, Thorsten Schröder vom 29. April 2017.

[10] „Tweet" heißt aus dem Amerikanischen übersetzt „zwitschern".

nur offline herstellen. Netzwerken beinhaltet mehr als nur den virtuellen Kontakt oder den Austausch von möglichst vielen Visitenkarten auf einer Netzwerkveranstaltung. Echtes Interesse gepaart mit einer unterstützenden Haltung ist die Basis für eine vertrauensvolle Netzwerkpartnerschaft … und vielleicht der Beginn einer „wunderbaren Freundschaft".[11]

Im Netz verschwimmt die Grenze zwischen persönlichen und geschäftlichen Kontakten immer mehr. Stehen bei Xing, LinkedIn oder Networx noch die beruflichen Kontakte im Vordergrund, so verschwimmt bei Facebook und Twitter die Grenze zwischen Beruf und Privatleben immer mehr. Facebook ist dazu übergegangen, eigene Firmen-Accounts anzubieten, doch auch hier werden private Themen gepostet, die der Imagepflege dienen.

Wir wissen mittlerweile alle, dass das Internet nichts vergisst und man den Stecker nicht einfach ziehen kann. Trotzdem ist es immer wieder erstaunlich, was dort alles gepostet wird. Wenn Sie also morgen nicht mit Ihrer noch nicht ganz durchdachten Meinung von gestern konfrontiert werden wollen oder mit privaten Bildern, die Ihr potenzieller Arbeitgeber oder zukünftiger Auftraggeber bedenklich finden könnte, dann seien Sie achtsam!

Netzwerken ist Teil Ihrer Marketingstrategie
Seien Sie sich klar über die Ziele, die Sie mit Ihrem Netzwerkeinsatz erreichen wollen: Wollen Sie fachlichen Nutzen generieren und das Netzwerk für den Wissenstransfer nutzen? Wollen Sie neue Aufträge generieren, Ihren nächsten Karriereschritt vorbereiten oder Öffentlichkeitsarbeit betreiben? Von den Zielen hängen Ihre Zielgruppen ab. Sind es eher die Entscheider oder eher die Kollegen, mit denen Sie sich primär vernetzen wollen? Auch hier gilt wie so oft „Qualität vor Quantität". Suchen Sie nach passenden Communities für Ihre Vernetzung, um Streuverlusten vorzubeugen. Schnelles Kennenlernen wird auf Online-Plattformen leicht gemacht, der für viele von uns leidige Small Talk wird erleichtert oder entfällt. Sie kommen schneller zum Ziel, die für Sie relevanten Personen im Netz „zu treffen". „Berechnungen haben ergeben, dass zwischen Ihnen und jedem beliebigen Menschen auf der Welt, den Sie kennen lernen möchten, in den Internet-Netzwerken höchstens fünf Personen stehen."[12]

---

[11] Zitat aus dem letzten Dialog des Films „Casablanca": Humphrey Bogart alias Rick Blaine bietet seinem Gegenspieler, dem Polizeichef, mit den Worten „Louis, ich glaube das ist der Beginn einer wunderbaren Freundschaft" beim Verlassen des Flugplatzes die Veränderung ihrer Beziehung an.

[12] Quelle: „Das kleine 1 × 1 des Professional Speaking: Was Vortragsredner können sollten", herausgegeben von der German Speaker Association, 2010, S. 96.

Übung 3.7.: Mein Netzwerk

Welches primäre Ziel verfolge ich beim Netzwerken?

_____

_____

_____

_____

_____

_____

Welche weiteren Ziele gibt es für mich?

_____

_____

_____

_____

_____

Welche Zielgruppen ergeben sich daraus? Wer gehört in mein Netzwerk?

_____

_____

_____

_____

_____

Wie und wo kann ich diese Zielgruppen erreichen?

_____

_____

_____

_____

_____

_____

Worauf will ich beim Netzwerken besonders achten?

_____

_____

_____

_____

_____

Wer und was können mich dabei unterstützen?

_____
_____
_____
_____
_____
_____

Das dreiteilige Netzwerk

Meistens umgeben wir uns mit Menschen, die uns ähnlich sind. Diese gehören zum ersten Teil unseres Netzwerks, weil der Austausch mit ihnen recht einfach und unproblematisch ist. Sie sind uns ähnlich, und wir finden schnell Anknüpfungspunkte. Doch das können auch die Netzwerkpartner sein, die einer Weiterentwicklung unsererseits nicht immer uneingeschränkt positiv gegenüberstehen. Zu sehr führt man ihnen die Notwendigkeit der eigenen Weiterentwicklung vor Augen. Das mögen viele Menschen nicht!

In den zweiten Teil des Netzwerks gehören die Menschen, die in anderen Professionen und anderen Branchen zuhause sind als wir. Sie haben oftmals einen anderen Blickwinkel auf die Themen und einen unverstellten Blick und können damit wichtige Impulse für uns liefern.

Und im dritten Teil des Netzwerks befinden sich die Menschen, die uns persönlich wohlgesonnen sind und in allen Bereichen ohne Vorbehalt unterstützen. Das sind die Menschen, von denen ich sagen kann: „Wenn ich mit denen zusammen bin, dann glaube ich selbst an mich und meine Stärken, weil die anderen es tun und mir das auch vermitteln." Schätzen Sie sich glücklich, wenn Sie über solche Netzwerkpartner verfügen. Für diese Menschen in Ihrem Leben schaffen Sie sich gern wieder ein persönliches Notizbuch an. Tragen Sie diese Kontakte ein und markieren sie rot. Und sorgen Sie dafür, dass Sie regelmäßig mit diesen Menschen in Kontakt kommen. Innere Zufriedenheit und Wachstum sind mit dieser Strategie garantiert.

Gemeinsames Netzwerken heißt, eine Win-Win-Situation für beide Seiten herzustellen. Es muss nicht immer der gleichwertige Austausch von Dienstleistungen oder Aufträgen sein. Aber ein „Danke", eine weitere Information über den neuen Kontakt oder die Erfüllung einer Bitte sollte selbstverständlich sein.

Ich profitiere viel von meinem Netzwerk, gerade von dem dritten Teil, also von den Kontakten, die ich rot markiert habe. Dazu zählen Menschen, die mich gerade beim Schreiben meines ersten Buches immer wieder bestärkt haben, oder Menschen, die mich bei meinen ersten Key-Note-Vorträgen begleitet, gecoacht und unterstützt haben, sowohl im Vorfeld als auch während der Veranstaltungen.

Weiterführende Impulse und Fragestellungen finden Sie in meinem Podcast „Karrieretipps to go" zum Thema „Netzwerken". Scannen Sie dazu den nachfolgenden QR-Code, und Sie erhalten direkten Zugang zum Video. Die dazu gehörige Karrierekarte gibt es für Sie außerdem zum Download auf www.mahlstedt-tcc.de

NETZWERK

- Gute Leute haben gute Kontakte! Wie groß ist Ihr Netzwerk?

- Überlegen Sie: Als Wer und mit Was wollen Sie beim Netzwerken in Erinnerung bleiben?

- Ein gutes Netzwerk ist ein wichtiger Erfolgsfaktor für die Karriere-gestaltung! Welchen Einfluss hat Ihr Netzwerk?

- Echtes Interesse am Anderen und in Vorleistung zu gehen, sind wichtige Erfolgsfaktoren! Fragen Sie: „Wie kann ich Sie unterstützen?"

- Frauen entscheiden sich für eine Netzwerkveranstaltung eher inhaltlich, Männer eher strategisch! Und Sie?

- Wagen Sie um Hilfe zu bitten! Sprechen Sie ausreichend über Themen, die für Sie relevant sind?

- Schaffen Sie Gelegenheiten! Nutzen Sie die Unternehmensbühnen! Netzwerken ist mehr als der Austausch von Visitenkarten!

- Pflegen Sie Ihr Netzwerk! Gerade, wenn Sie es aktuell nicht brauchen! Wie gelingt Ihnen die Kontaktpflege?

KARRIERETIPPS TO GO

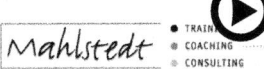

▶ https://www.youtube.com/watch?v=K8bO-8q-gGY&feature=youtu.be

Zusammenfassende Tipps für das Netzwerken zur Etablierung Ihrer Marke ICH:

- Geben Sie vermeintlich Andersartigen eine Chance, gerade „Paradiesvögel" können Ihr Netzwerk ungemein bereichern.
- Verankern Sie Ihren Namen mit einer emotionalen Botschaft.
- Schaffen Sie Gelegenheiten zum Austausch, gezieltes Netzwerken sollte Teil Ihrer strategischen Arbeit werden.
- Gehen Sie mit der Grundhaltung „Was kann ich für Sie tun?" in Ihre Netzwerkveranstaltungen. Gezieltes Netzwerken zahlt sich eher langfristig für Sie aus!
- Nutzen Sie die Online-Plattformen mit Augenmaß, aber nutzen Sie sie!

- Netzwerken ist mehr als der Austausch von Visitenkarten. Pflegen Sie Ihre Kontakte langfristig! Weniger ist mehr!
- Falls Sie von Ihrem Netzwerk profitiert haben, dann vergessen Sie nicht, Ihren Netzwerkpartner über den Stand der Dinge zu informieren und sich für seine Unterstützung zu bedanken! Es ist von Nachteil, wenn er über die Geschäftsanbahnung von anderen erfährt!
- Bringen Sie Menschen miteinander in Kontakt, von denen Sie annehmen, dass sie sich gegenseitig nützen können.

3.5   K … wie Kompetenz

„In der Leidenschaft lebt der Mensch, im Mittelmaß existiert er nur", so meine These. Dazu habe ich bereits einiges ausgeführt, und auch, warum wir oftmals zu eierlegenden Wollmilchsäuen mutieren. Denn diese erfüllen eher die Erwartungen anderer, als sich auf ihre Kompetenzen zu besinnen und sie mit Leben zu füllen. Die Einsicht, dass ich nicht alle Erwartungen erfüllen kann, die an mich gestellt werden, und die Erkenntnis, dass ich in den Tätigkeiten, die ich voller Leidenschaft mache, meist ganz hervorragend bin, helfen sicher weiter.

Kompetenz ist wichtig, um unsere Marke zu etablieren. Wäre das nicht schön, wenn unsere Kompetenzen so ausgeprägt und bekannt sind, dass wir einen echten Nachfragesog nach unserer Leistung entfachen? Wir werden nachgefragt aufgrund der Qualität, die wir liefern. Wer schon einmal eine Diät gemacht hat, weiß: Wenn wir unser Ernährungsverhalten nicht langfristig anpassen, dann verfallen wir schnell wieder in unsere alten Verhaltensmuster und es kommt zum Jo-Jo-Effekt mit dem Ergebnis einer Gewichtszunahme. Hier gilt es, langfristig dazuzulernen und die Kompetenz auf diesem Gebiet zu erweitern.

Bei den Businesskompetenzen, die wir für unsere Markenetablierung in den Vordergrund bringen wollen, ist es nicht anders. Hier zählen ein langer Atem und wirklicher Fokus. Ist es Ihnen bewusst, welche Kompetenzen Sie mittelfristig noch stärker zur Entfaltung bringen wollen, damit Sie wirkliche Qualität liefern?

Dafür müssen wir uns unsere Stärken bewusst machen und diese langfristig zur Entfaltung bringen. Es gilt, langfristig am Ball zu bleiben und nicht nur kurzfristig etwas zu entwickeln.

Zunächst einmal sollten wir uns darüber klar werden, was uns ausmacht und was unsere wirklichen Stärken sind. Schätzen Sie sich dazu selbst ein. Lassen Sie sich danach auch gern von Kollegen Ihres Vertrauens einschätzen. Sie brauchen beides: Selbstbild und Fremdbild, damit Sie Ihre Entwicklung beherzt vorantreiben können.

Nachfolgend finden Sie ein Kompetenzprofil, das ich bereits in meinem Buch „Wie Frauen erfolgreich in Führung gehen" veröffentlicht habe. Es ist ein allgemeines Kompetenzprofil, das genderunabhängig eingesetzt werden kann.

Kompetenzdefinitionen		
Fähigkeit zur Eigensteuerung	Kooperationsverhalten und Einfühlungsvermögen	Respektiert andere und arbeitet mit ihnen teamorientiert und effektiv zusammen. Agiert empathisch und kooperiert
	Engagement	Arbeitet zielorientiert, ist begeisterungsfähig und ambitioniert
	Belastbarkeit	Arbeitet ruhig, kontrolliert und effektiv auch unter hoher Belastung und Erfolgsdruck
	Flexibilität	Kann sich gut auf veränderte Anforderungen und Umweltbedingungen einstellen
Fähigkeit zur Steuerung von anderen	Überzeugungskraft	Kann andere überzeugen und/oder beeinflussen, um sein Anliegen zum Ziel zu führen oder eine Verhaltensänderung herbeizuführen
	Qualitätsausrichtung	Setzt sich hohe Qualitätsstandards, die einer ständigen Überprüfung und ggf. Verbesserung unterzogen werden
	Organisationsvermögen	Plant Aktivitäten systematisch und setzt Ressourcen umsichtig ein
	Mitarbeitersteuerung	Führt durch Zielvereinbarungen und Delegation, motiviert und entwickelt Mitarbeiter im Sinne der unternehmerischen Zielerreichung weiter

Kompetenzdefinitionen

Fähigkeit zur Unternehmens-steuerung	Durchsetzungskraft	Übernimmt die Initiative und treibt Projekte auch gegen Widerstände voran
	Entscheidungskom-petenz	Trifft Entscheidungen (auch unter Unsicherheit) in angemessenem zeitli-chen Kontext
	Unternehmerisches Denken	Kennt den Markt und das unternehmeri-sche Umfeld, handelt kostenbewusst und gewinnorientiert
	Strategisches Denken	Projekte und/oder andere Aktivitäten werden in ihren mittel- und langfristigen Auswirkungen erfasst
	Innovationsvermögen/ Kreativität	Hinterfragt stetig das bis-herige Vorgehen und sucht nach innovativen Lösungen
Sonstige Fähigkeiten	Fachliche Fähigkeiten	Verfügt über ein fundier-tes Fachwissen und bildet sich kontinuierlich fort
	Problemlösungsfähig-keit	Kommt zu einer nachvoll-ziehbaren Bewertung, Einschätzung und Empfehlung auf Basis aller relevan-ten Sachverhalte und Informationen
	Analytisches Denkvermögen	Geht systematisch an die Analyse von Problemstellungen heran und gliedert sie in sinn-volle Bestandteile
	Schriftliches Ausdrucksvermögen	Kommt auf den Punkt, ohne wichtige Informationen zu vergessen, grammatika-lisch fehlerfrei und im Stil dem Adressaten gegen-über angemessen

Kompetenzdefinitionen

Mündliche Kommunikation	Kommuniziert klar, verbindlich und dem Zuhörer angemessen – sowohl gegenüber Einzelnen als auch vor oder in einer Gruppe

Übung 3.8.: Einschätzung meiner allgemeinen Kompetenzen

Checkliste: Selbsteinschätzung meiner Kompetenzen
1 – sehr schwach ausgeprägt
2 – schwach ausgeprägt
3 – durchschnittlich ausgeprägt
4 – stark ausgeprägt
5 – außergewöhnlich stark ausgeprägt

	Operationalisierungen (für ausgeprägte Stärke)	1	2	3	4	5
Kooperations-verhalten und Einfühlungsvermögen.	• Unterstütze Kollegen ausnahmslos und uneigennützig • Kann mich gut in andere hineinversetzen • Stelle mich auf andere ein • Informiere unaufgefordert und tausche mich stetig mit anderen aus • Arbeite ausgesprochen gern im Team und „verkaufe" ein Teamergebnis auch immer als ein solches • Äußere Kritik angemessen und für den anderen nachvollziehbar					
Engagement	• Bin energievoll • Enthusiasmus für die Sache ist für Dritte stets deutlich • Suche mir Arbeit/Projekte aus eigenem Antrieb • Treibe die eigene Karriere voran • Bin ehrgeizig und scheue nicht den Wettbewerb mit anderen					

	Operationalisierungen (für ausgeprägte Stärke)	1	2	3	4	5
Belastbar-keit	• Stehe sehr selten unter Anspannung • Äußere eigene Gefühle angemessen • Fordere Feedback ein und reagiere auf Kritik sensibel • Gelte unter Kollegen als Optimist					
Flexibilität	• Längere Routine wird mir dauerhaft zu langweilig • Neuerungen erlebe ich als reizvoll • Kann mich überdurch-schnittlich schnell auf neue Anforderungen einstellen und reagiere entsprechend zügig					
Fähigkeit zur Eigen-steuerung	*Gesamteinschätzung*					

	Operationalisierungen (für ausgeprägte Stärke)	1	2	3	4	5
Überzeu-gungskraft	• Sehe Verkaufs- und Verhandlungsgespräche als Herausforderung an, die ich gern annehme • Präsentiere souverän und sicher • Überzeuge im Auftreten • Äußere die eigene Meinung stets angemessen, auch wenn sie nicht der gängigen Meinung entspricht					
Qualitäts-ausrich-tung	• Setze mir eigene Qualitäts-standards, die ich regelmäßig überprüfe und anpasse • Bin, wenn nötig, detailorien-tiert und genau • Bringe Projekte im vereinbar-ten zeitlichen und qualitati-ven Rahmen zum Abschluss • Sorge für ausreichende Ressourcen					
Organisa-tionsver-mögen.	• Kann Wichtiges von Unwichtigem trennen • Ziele sind klar definiert und kommuniziert • Arbeite fristgerecht und plane längerfristig • Teile mir die Zeit effizient ein • Kann unterschiedliche Aufgaben/Projekte gleichzei-tig betreuen, ohne die Details aus den Augen zu verlieren					
Mitarbeiter-steuerung	• Strebe Führungs- vor Fachlaufbahn an • Fühle mich sicher im Führen von Mitarbeitern • Werde als Führungskraft geschätzt und akzeptiert • Kann andere motivieren • Halte mich an Absprachen • Delegiere nicht ohne Empowerment • Entwickle eigene Mitarbeiter stetig weiter					

	Operationalisierungen (für ausgeprägte Stärke)	1	2	3	4	5
Fähigkeit zur Steuerung von anderen	*Gesamteinschätzung*					
Durchsetzungskraft	• Kommuniziere Entscheidungen auch gegen Widerstände • Treibe Initiativen auch gegen Widerstände mit Energie voran					
Entscheidungskompetenz	• Entscheide mich zügig • Kläre Detailfragen, ohne nachfolgende Aktionen wesentlich zu verzögern • Einmal getroffene Entscheidungen werden nicht wieder in Frage gestellt • Nutze meine Handlungsspielräume und delegiere nicht nach oben					

	Operationalisierungen (für ausgeprägte Stärke)	1	2	3	4	5

**Unterneh-
merisches
Denken**
	• Stecke oder setze mir und
	  anderen ehrgeizige Ziele
	• Bin mitarbeiterorientiert,
	  ohne das Geschäft aus den
	  Augen zu verlieren
	• Suche den Wettbewerb,
	  ohne „über Leichen" zu
	  gehen
	• Halte mich ständig über
	  Marktveränderungen auf
	  dem Laufenden und kenne
	  die Wettbewerber					

**Strate-
gisches
Denken**
	• Plane langfristig
	• Lasse mich nicht ständig
	  von Dringlichem kurzfristig
	  vereinnahmen
	• Plane ausreichend Zeit
	  für strategisch wichtige
	  Aufgaben ein
	• Arbeite mich leicht in strate-
	  gische Fragen ein
	• Komplexe Sachverhalte
	  werden von mir
	  schnell erfasst und
	  auf das Wesentliche
	  heruntergebrochen					

**Innovations-
vermögen/
Kreativität**
	• Denke und agiere gern
	  unkonventionell
	• Halte mich nicht immer an
	  Regeln bzw. stelle diese in
	  Frage
	• Ziehe innovative Lösungen
	  Routineabläufen vor					

Fähigkeit zur Unter- nehmens- steuerung	*Gesamteinschätzung*					

	Operationalisierungen (für ausgeprägte Stärke)	1	2	3	4	5
Fachliche Fähigkeiten	• Verfolge fachliche Entwicklungen und halte mich ständig up to date • Werde wegen der eigenen Fachkompetenz häufig als Berater gefragt bzw. mit einschlägigen Aufträgen betraut					
Problemlösungsfähigkeit	• Kenne Problemlösungstechniken und wende diese sicher an • Kann Empfehlungen/ Lösungen nachvollziehbar begründen • Stütze mich bei der Lösung auf die relevanten Daten und Fakten					
Analytisches Denkvermögen	• Treffe Entscheidungen nicht aus dem Bauch heraus, sondern auf Basis einer gründlichen Analyse • Arbeite begeistert mit Zahlen und Fakten • Gliedere komplexe Sachverhalte problemlos in sinnvolle Bestandteile • Setze sinnvolle Prioritäten					
Schriftliches Ausdrucksvermögen	• Stelle mich auf Empfänger im Ausdruck ein • Bin klar und prägnant in der Sprache • Ohne Rechtschreib- oder Grammatikfehler					
Mündliche Kommunikation	• Stelle mich auf Empfänger in der Tonalität ein • Spreche sicher auch vor Gruppen • Bringe Dinge auf den Punkt • Bleibe auch in Konfliktgesprächen angemessen verbindlich • Trenne Sach- und Beziehungsebene					

	Operationalisierungen (für ausgeprägte Stärke)	1	2	3	4	5
Sonstige Fähigkeiten	Gesamteinschätzung					

Welche Kompetenzen sind in meinem Profil besonders stark ausgeprägt?

Wie erleben andere mein Profil? Welche Kompetenzen erachten andere als eine echte Stärke von mir?

Was werde ich tun, um diese Kompetenzen mittelfristig zu einem echten Alleinstellungsmerkmal auszubauen? Eine Kompetenz, die so stark ausgeprägt ist, dass sie besonders ist.

Weiterführende Impulse und Fragestellungen finden Sie in meinem Podcast „Karrieretipps to go" zum Thema „Positionierung". Scannen Sie dazu den nachfolgenden QR-Code, und Sie erhalten direkten Zugang zum Video. Die dazu gehörige Karrierekarte gibt es für Sie außerdem zum Download auf www.mahlstedt-tcc.de

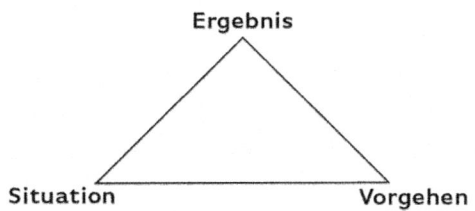

MIT KOMPETENZ PUNKTEN

Darstellung Ihrer Kompetenz anhand des Situationsdreiecks

Ergebnis

Situation   Vorgehen

- ✅ Beispiele bisher erbrachter Leistungen nennen
- ✅ Ergebnisse aufzeigen
- ✅ bildhafte Darstellung Ihres Vorgehens zur Lösung der Situation

KARRIERETIPPS TO GO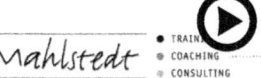

▶ https://www.youtube.com/watch?v=38yqJ20PZgg&feature=youtu.be

In welchen Tätigkeitsfeldern liegen nun Ihre tatsächlichen Leidenschaften? Wann können Sie die Arbeitszeit und Ihr Umfeld vergessen und ganz in Ihr Tun eintauchen? Wann erleben Sie einen wirklichen Flow in Ihrem Tätigkeitsfeld? Um auch diese Themenfelder zu berücksichtigen, ist das allgemeine Kompetenzspektrum nun noch zu ergänzen. Einmal um die Eigenschaften, die laut Glücksforschung für das Erreichen eines Flow-Zustands erforderlich sind. Zum anderen für die Grundhaltung, die Ihnen hilft, entspannt etwas Bedeutsames zu entdecken. Mit anderen Worten:

Mit welchen Kompetenzen helfen wir unserem Glück und unserem Erfolg auf die Sprünge?
Hier kommt eine ganz neue und wichtige Facette jenseits des Expertentums ins Spiel. Aus einer finnischen Studie[13] geht hervor, dass positive Emotionen und eine ausgeglichene Grundhaltung deutlich häufiger zu erfolgreichen bedeutsamen Ergebnissen kommen als tiefes Eintauchen in die Materie. Frei interpretiert heißt das, dass „ein umtriebiger und froher Geist eher fündig wird". Außerdem haben

---

[13] Jannica Heinström von der Universität Tampere (Finnland) untersuchte das beiläufige Entdecken von Informationen im akademischen Bereich und befragte 900 Studierende nach deren Form der Informationsrecherche und Persönlichkeitszügen.

die Forscher herausgefunden, dass Neugier, Flexibilität und eine überdurchschnittliche Frustrationstoleranz durchaus unterstützend und hilfreich seien.

Gern schreiben wir Erreichtes unserer Kompetenz und unserem eigenen Einfluss zu. Kritiker behaupten allerdings, dass der Mensch einen Denkfehler macht, wenn er seinen persönlichen Einfluss für größer hält als die allgemeinen Umstände, die zum Erfolg geführt haben.

Albert Bandura, einer der wichtigsten Psychologen des 20. Jahrhunderts, entwickelte bereits in den 70er Jahren eine Theorie, die besagt, dass wir unser Handeln und unser Wirken kraft unserer Überzeugungen prägen.[14] Nach dem Konzept der Selbstwirksamkeitserwartung ist unser Glaube, unseren Erfolg steuern zu können, eine wichtige mentale Voraussetzung. Menschen, die sich als selbstwirksam wahrnehmen, sind aktiver in der Interaktion mit ihrer Umwelt und gehen Herausforderungen eher an.

Selbstwirksame Frösche sitzen nicht im sich langsam erhitzenden Wasser! Sie springen schon früher. Wurde das nicht schon so im Märchen erzählt? Sie springen schon früher, werden bei adäquaten Rahmenbedingungen an die Wand geworfen und entpuppen sich dann als „Sechser im Lotto".

Auch der britische Psychologe Richard Wiseman unterstützt diese These: Glück und Erfolg basieren auf bestimmten persönlichen Eigenschaften und Kompetenzen, so Wisemann. „Durch ihre Art zu denken und zu handeln steigern manche Menschen die Chance, außerordentliche Gelegenheiten in ihrem Leben zu schaffen, zu erkennen und zu ergreifen."[15]

Die Psychiater Thurstone, Allport und Odbert untersuchten in einem lexikalischen Ansatz 18 000 Begriffe, um die Grundlage von Persönlichkeit abzubilden. Sie wird früh gelegt, denn schon im frühen Stadium der Schwangerschaft formt sich unser Gehirn und damit die Grundlage unseres Verhaltens. Abhängig von unseren Genen und den Bedingungen der Schwangerschaft bilden sich die Muster aus, die später unser Verhalten prägen. Die Begriffe, die die drei Forscher zur Verhaltensbeschreibung aus ihrem lexikalischen Ansatz ableiteten, sind noch heute relevant und als „Big Five" als international anerkanntes Modell in über 3000 Studien in den letzten 20 Jahren genutzt worden.

---

[14] Albert Bandura, 1925 in Mundare geboren, ist ein kanadischer Psychologe. Er gilt als einer der bedeutendsten Psychologen der zweiten Hälfte des letzten Jahrhunderts und hat mit dem Prinzip der Selbstwirksamkeit und seinen Forschungen zum sozialen Lernen auf sich aufmerksam gemacht.

[15] Richard Wiseman, britischer Psychologe von der Universität of Hertfordshire, untersuchte in den 90er Jahren in seinem „Luck Project" den Einfluss von fünf zentralen Dimensionen der Persönlichkeit auf Glück und Erfolg.

Big Five

- **Extraversion:** Beschreibt, ob ein Mensch eher gesprächig, offen und bei starker Ausprägung sogar dominant ist. Oder eher schüchtern, zurückhaltend und bei sehr geringer Ausprägung sogar reserviert und wortkarg.
- **Neurotizismus:** Beschreibt, ob ein Mensch eher empfindsam, verletzlich, besorgt und bei starker Ausprägung sogar launisch und nervös ist. Bei schwacher Ausprägung wird er eher als stabil, ruhig, zufrieden und selbstsicher beschrieben.
- **Offenheit für neue Erfahrungen:** Beschreibt, ob ein Mensch fantasiereich, wissbegierig künstlerisch und bei starker Ausprägung sogar geistreich ist. Oder eher vorsichtig, konservativ, wenig intellektuell und bei sehr schwacher Ausprägung sogar desinteressiert.
- **Gewissenhaftigkeit:** Beschreibt, ob ein Mensch sorgfältig, zuverlässig, planend und effektiv handelt oder bei schwacher Ausprägung eher nachlässig, vergesslich, unstrukturiert oder leichtsinnig agiert.
- **Verträglichkeit:** Beschreibt, ob ein Mensch mitfühlend, herzlich großzügig, kooperativ und freundlich agiert oder bei schwacher bis sehr schwacher Ausprägung feindselig, geizig, streitsüchtig und hartherzig erscheint.

Viele Studien, insbesondere die von Wiseman, zeigten, dass Gewissenhaftigkeit und Verträglichkeit einen geringeren Einfluss auf Glück und Erfolg haben. Die ersten drei Dimensionen jedoch begünstigten der Aussage seiner Probanden nach deren Wahrnehmung von Glück und Erfolg immens. Extrovertierte Menschen mit einem großen sozialen Netzwerk, die neuen Erfahrungen eine Chance geben und wenig neurotisch sind, waren entspannt genug, um sich bietende Chancen wahrzunehmen.

Wer an sein Glück und seinen Erfolg glaubt, dem ist es eher hold.
Doch das hat natürlich auch seine Grenzen, auch wenn der Glaube bekanntermaßen Berge versetzen kann. Um die Berge dann wirklich zu versetzen, braucht es eben auch eine gewisse Erfahrung und Kompetenz im Bergbau. Fehlen diese gänzlich, dann wird der alleinige Glaube schnell belächelt, der Mut allerdings auch oft bewundert.

Eine Bank, mit der ich bereits viele Jahre zusammenarbeite, bildet überdurchschnittlich viele junge Menschen aus. Die meisten Auszubildenden können nach bestandener Prüfung übernommen werden, klassischerweise auf eine Einstiegsfunktion in der Filiale. Das Angebot wurde auch einem jungen Mann gemacht, der seine Prüfung überdurchschnittlich absolvierte. Er fand den Einsatz in der Filiale schon ganz gut, nur eben nicht auf dieser Hierarchieebene. Filialleiter wollte er werden, und zwar sofort. Dies äußerte er deutlich und unmissverständlich. Zum Erstaunen seiner Gesprächspartner aus der Personalabteilung reichte ihm jedoch eine abschlägige Entscheidung nicht aus. Er ließ sich einen Termin beim Vorstandssprecher geben, um sein Anliegen dort noch einmal zu verhandeln – und er bekam den Termin. Er bekam zwar nicht den Job, aber die Aufmerksamkeit, die viele langjährige Mitarbeiter für vielfach geleistete Arbeit nicht bekamen. Der ehemalige Azubi war noch einige Zeit Gesprächsthema in der Bank, auch als er sich schon längst ins Studium verabschiedet hatte. Die über ihn erzählten Geschichten endeten häufig mit dem Nachsatz: „Aus dem wird mal was, von dem werden wir noch hören.“

Übung 3.9.: Meine weiteren Erfolgskompetenzen

Offenheit für neue Erfahrungen:
Wann packt mich die Neugierde? Wann zeige ich mich offen für neue Erfahrungen?

_____
_____
_____
_____
_____
_____

Flexibilität:
Wie bereit bin ich, mich auf veränderte Rahmenbedingungen einzustellen? Was hilft mir dabei?

_____
_____
_____
_____
_____
_____

Frustrationstoleranz:
Wie gehe ich mit Misserfolgen um? Wann und wie gelingt es mit, das Gute im Scheitern zu erkennen?

_____
_____
_____
_____
_____
_____

Und was hilft darüber hinaus, seine Kompetenzen und Leidenschaften zu ent-wickeln? In meinen Augen ist das offenes und ehrliches Feedback.

Wann haben Sie das letzte Mal wirklich fundiertes Feedback erhalten, das Ihnen in Ihrer Entwicklung weitergeholfen hat? Ist das schon lange her? Bei mir auch ...

Das Feedback, das für mich wirklich prägend war, habe ich von einem meiner ersten Chefs erhalten. Er hatte „Guru-Status" im Unternehmen und hat schon in den 80er Jahren Management-Workshops mit 360-Grad-Feedbacks deutschlandweit durchgeführt. Das war damals ein echtes Novum. Es gab noch keine Unternehmensberatung, die sich auf solche Tools speziali-siert hatte, und an Online-Fragebögen war noch gar nicht zu denken.

Trotzdem führten wir damals schon diese Workshops durch mit fundier-ten Auswertungen für die Führungskräfte. Mein Chef bereitete sich auf seinen Ruhestand vor und ich sollte dieses Projekt übernehmen. Das waren sehr große Fußstapfen für die unerfahrene Nachwuchsführungskraft, die ich damals war. Ich bereitete mich akribisch vor und versuchte, möglichst viel von ihm zu lernen und mir abzuschauen. Dann kam mein großer Tag und ich führte den ersten Workshop eigenverantwortlich durch. Es kam, wie es kommen musste, der erste Workshop misslang komplett. Die dann folgende Feedbacksession dauerte die gesamte Rückfahrt, die mein Chef und ich gemeinsam im Auto von Göttingen nach Hamburg verbrachten. Ich kann mich noch heute sehr gut daran erinnern. Dieses Feedback war nicht beschönigend und damals sehr schmerzhaft für mich. Es hatte die Quintessenz: „Mach Dein Ding, setze Deine eigenen Duftmarken und versuche nicht, andere zu kopieren." Das war für mich damals schwer zu akzeptieren, hatte ich doch noch gar keine eigenen Stärken in der Führungskräfteentwicklung und in der Workshop-Moderation entwickeln können. Und trotzdem war dieses Feedback sehr hilfreich. Noch heute denke ich hin und wieder daran zurück, und in diese Falle werde ich bestimmt nicht wieder in diesem Ausmaß hineintappen.

Doch nicht jedes Feedback muss ich annehmen. Ich entscheide, was für mich hilfreich ist und was ich zur Umsetzung bringe. Und ich entscheide auch, welches Feedback ich dankend vergessen kann.

Ein letzter Gedanke zum Feedback für Sie: Seien Sie mutig, behalten Sie Ihren Humor und bleiben Sie offen für Feedback. Gerade wenn Sie hin und wieder merk-würdig sind, trauen Sie sich, Ihre Ecken und Kanten zu zeigen. Wie ein Edelstein erst seine wirkliche Wirkung nach dem Schliff entfalten kann und erst die vielfache (Aus)Strahlung hat.

Für mich ist es wichtig, auch über mich selbst lachen zu können. Mein persönlicher USP als Beraterin beinhaltet daher eine gute Mischung aus Wissen und Erfahrung, gepaart mit einem persönlichen Zugang zu meinen Kunden. Immer von dem Bemühen begleitet, auch mal das Komische in der Situation zu sehen. Dies in den Vorträgen zu vermitteln, ist manchmal leichter gesagt als getan. Ein wohlgemeintes Feedback endete einmal mit der Aussage: „Wenn Du Dich als humorvoll darstellen willst, dann mache doch auch mal einen Blondinenwitz!" Ich war zuerst empört, da ich diesen Hinweis für niveaulos hielt. Wie oft tappen wir in die Falle, durch Bewertung auch hilfreiche Hinweise zu übersehen. Je mehr ich mich mit dem Gedanken beschäftigte, desto amüsierter war ich. Jetzt könnte ich mir sogar vorstellen, einen meiner Vorträge einmal damit zu beginnen, dass ich Chilipulver auf den bereitstehenden Laptopbildschirm streue. Nach einer kurzen Pause starte ich dann mit der Frage: „Warum streuen Blondinen Chilipulver auf ihren Bildschirm?" Die Antwort kennen Sie vielleicht: „Damit er schärfer wird!"

Übung 3.10.: Feedback

Wann habe ich das letzte Mal fundiertes Feedback erhalten, das mich in meiner Entwicklung wirklich vorangebracht hat?

_____

_____

_____

_____

_____

Was habe ich daraus für mich und meine Stärken mitgenommen?

_____

_____

_____

_____

_____

Was kann ich tun, um auch weiterhin hilfreiches Feedback für die Entwicklung meiner Marke „ICH" zu erhalten?

_____

_____

_____

_____

_____

Jetzt sagen Sie vielleicht immer noch: „Wirkliche Stärken habe ich nicht, mir fällt dazu eher wenig ein!"

Es müssen auch nicht die Stärken sein, die auf den ersten Blick sichtbar sind und die mir bereits in die Wiege gelegt wurden. Ein gutes Beispiel ist hierfür ist Michael Stich. Ich bin leidenschaftliche Tennisspielerin und habe mit ihm in Jugendjahren im selben Verein gespielt. Er hatte damals schon ein gutes Auge und konnte andere sehr gut coachen. Es gab eine Situation, in der ich in einem Punktspiel sehr weit zurückgelegen habe. Er kam auf den Platz, drei Jahre jünger als ich, aber damals schon mit gutem Selbstbewusstsein ausgestattet. Er analysierte etwas und gab mir Tipps. Vor allen Dingen gab er mir das Gefühl, dass er mir zutraute, das Spiel doch noch zu drehen. Und tatsächlich, ich gewann! Neben dem großartigen Ballgefühl, das ihm mit in die Wiege gelegt worden ist, hat er außerdem noch die wunderbare Kompetenz, andere zu coachen und ihnen weiterzuhelfen. Heute, nach Beendigung seiner Tenniskarriere, ist er als Sponsor und Mentor unterwegs. Ich bin sicher, dass er zu seiner echten Leidenschaft gefunden hat, die ihn noch mehr erfüllt als seine Profizeit im Tenniszirkus.

Ein weiteres Beispiel ist Steve Jobs. Zu Beginn seiner Universitätszeit hat er einen Kalligrafiekurs belegt. Einen Kurs, in dem er sich mit Schönschrift auseinandergesetzt hat. Er hat dort einen wirklichen Flow erlebt und den Grundstein für den USP von Apple gelegt. Apple überzeugt durch die Ästhetik im Design und im Schriftsatz. Das war Steve Jobs damals sicher noch nicht klar, und trotzdem hat er dieser Leidenschaft Raum gegeben.

Und wenn Sie jetzt immer noch von sich behaupten, dass Ihnen eher Ihre Schwächen vor Augen sind als Ihre Stärken, dann möchte ich Ihnen zum Schluss noch das Beispiel von Dieter Thomas Heck vor Augen führen. Dessen Schwäche war das Stottern. Es hat ihn als Kind stark eingeschränkt und so gestört, dass er das Schnellsprechen zu seiner Stärke und seinem Alleinstellungsmerkmal ausgebaut hat.

Frank Rebmann befasst sich in seinem Buch „Der Stärken Code" ausführlich mit dem Zusammenhang zwischen Talenten, Stärken, Können und Erfolg. Er macht mit seinem Buch Mut, sich auf die Suche nach den eigenen Talenten zu machen. Einmal entdeckt, blinkt das Talent immer durch die Persönlichkeit, selbst wenn es von anderen kritisiert wird. Durch Trainieren des Talentes kann es sich zu einer echten Stärke entfalten. Diese Stärke kann sich dann wie ein roter Faden durch das Leben ziehen und sogar noch darüber hinaus sichtbar und erlebbar sein. Er hat die Begriffe folgendermaßen beschrieben:

Übersicht

Eine **Stärke** ist etwas, was wir gut können, gerne machen und wobei wir hervorragende Ergebnisse erzielen.

Ein **Talent** ist eine Begabung, die jemanden zu hervorragenden intellektuellen, sozialen, künstlerischen oder sportlichen Leistungen befähigt.

Ein **Können** ist das **erworbene Vermögen**, um bei einer bestimmten Tätigkeit etwas Besonderes zu leisten.

Eine **Schwäche** ist ein Mangel an Wissen, Fähigkeit, Talent, Motivation oder eine Eigenart in der Persönlichkeit beim Ausführen einer bestimmten Tätigkeit.

Man spricht von einem **Talent**, wenn jemand überdurchschnittliche Fähigkeiten zum Erlernen einer Fertigkeit mitbringt. Wenn eine Person diese Fertigkeit auf einem konstant hohen Niveau ausübt, verfügt sie über ein herausragendes **Können**. Wenn eine Person eine Fertigkeit mit konstant hoher Leistung regelmäßig ausüben kann und dabei einen hohen inneren Antrieb und Freude verspürt, spricht man von einer **Stärke**. Mangelt es einer Person an Können, weil sie über eine zu gering ausgeprägte Fertigkeit verfügt, spricht man von einer **Schwäche**.

Ein Talent wird nicht immer zu einer Stärke. Aber eine Stärke beruht immer auf einem Talent.

3.6   E ... wie Einsatz

Kennen Sie das? Sie werden gefragt: „Was machen Sie denn so beruflich?", und schon geht das Gestottere los. Wie häufig haben Sie sich nach einem solchen Gespräch schon gewünscht, Sie hätten eine prägnante Aussage parat gehabt? Und Ihr Gesprächspartner hätte Ihnen seine Visitenkarte überreicht mit der Bitte, doch einmal den Kontakt für eine Geschäftsbeziehung zu vertiefen.

Eine Übung, die hier Abhilfe schafft, ist der sogenannte Elevator Pitch. Die Legende besagt, dass dieser Elevator Pitch von Vertriebsprofis in den 80er Jahren genutzt wurde, um ihren Chef von einer neuen Vertriebsstrategie zu überzeugen. Die E-Mail steckte damals noch in den Kinderschuhen und die Vertriebler machten die Erfahrung, dass sie sich kein Gehör bei ihrem Chef verschaffen konnten.

Das Phänomen, „keine Zeit" zu haben, gab es auch damals schon. Heute ist es noch stärker verbreitet. Unser Gehirn schafft täglich die Höchstleistung, aus 15 000 bis 20 000 Informationen das für uns Wesentlichste herauszufiltern.

Das heißt im Umkehrschluss, dass Sie mit Ihrer Information aus der Masse und Fülle herausstechen müssen, um sich Gehör zu verschaffen.

Die Vertriebler bekamen also weder einen persönlichen noch einen telefonischen Termin, um ihre Strategie bei ihrem Chef platzieren zu können. Da kam ihnen die Idee, ihren Chef im Fahrstuhl abzupassen. Es wird sogar behauptet, dass einige stundenlang Fahrstuhl gefahren sind, bis sie endlich ihre Chance hatten. Ist diese Chance dann da, dann gilt es, sie auch zu nutzen. Das heißt, Ihre Information adressatengerecht und auf den Punkt zu formulieren. Gute Vorbereitung ist an dieser Stelle ein wesentlicher Erfolgsfaktor!

Den Elevator Pitch können Sie auf unterschiedliche Situationen anwenden:

- Wenn ein Kunde Sie am Telefon kurz angebunden fragt: „Ich habe wenig Zeit, was ist Ihr Anliegen?"
- Oder wenn Sie Ihren Chef am Kaffeeautomaten kurz über den aktuellen Projektstand informieren.
- Wenn Sie auf einer Messe oder Netzwerkveranstaltung gefragt werden: „Und was machen Sie so beruflich?"
- Oder wenn Sie den CEO tatsächlich im Fahrstuhl treffen und Sie das peinliche Schweigen, das sich in so beengten Situationen häufig ausbreitet, professionell unterbrechen wollen.

Übung 3.11.: Elevator Pitch

Stellen Sie sich einmal vor, Sie treffen einen wichtigen Entscheider Ihres Unternehmens im Fahrstuhl. Jetzt haben Sie zwei bis drei Minuten Zeit, in denen Sie wichtige Themen über sich oder Ihr Projekt verankern können. Wie nutzen Sie diese Situation für sich? Haben Sie ein paar knackige Sätze dazu „griff- und auch sprechbereit?" Nur dann werden Sie in der realen Situation diese Chance auch wirklich nutzen, um Ihre Stärken zu platzieren.

Wie lautet Ihr Statement?

_____

_____

_____

_____

_____

_____

_____

_____
_____
_____
_____

_____
_____
_____

_____
_____

Ein, wie ich finde, sehr hilfreiches Kurzvideo finden Sie unter YouTube von meinen Schweizer Kollegen von „Coaching das bewegt". Den entsprechenden Link finden Sie im Anhang dieses Kapitels.

Es muss nicht immer der konkrete Elevator Pitch sein, der Ihnen dabei hilft, nicht nur Gutes zu tun, sondern auch darüber zu sprechen. Eine meiner Seminarteilnehmerinnen erzählte, dass sie in einem virtuellen Team arbeite. Ihr Chef sei oft nicht greifbar und daher habe sie sich angewöhnt, ihm immer am Freitag einen kurzen Statusbericht über die Woche per E-Mail zukommen zu lasen. Es gab keine Resonanz darauf. Bis sie es dann an einem Freitag aus zeitlichen Gründen nicht mehr schaffte, ihm den Statusbericht zuzuschicken. Am Montagmorgen hatte sie eine E-Mail von ihm im Eingangspostfach mit der Bitte, den Statusbericht noch nachzuholen. Auch wenn es kein Feedback gab: Er war informiert und hatte die Berichte zumindest gelesen.

Weiterführende Impulse und Fragestellungen finden Sie in meinem Podcast „Karrieretipps to go" zum Thema „Elevator Pitch". Scannen Sie dazu den nachfolgenden QR-Code, und Sie erhalten direkten Zugang zum Video. Die dazu gehörige Karrierekarte gibt es für Sie außerdem zum Download auf www.mahlstedt-tcc.de

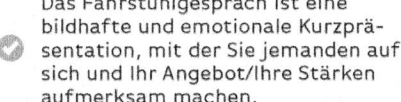

ELEVATOR PITCH

Das Fahrstuhlgespräch ist eine bildhafte und emotionale Kurzpräsentation, mit der Sie jemanden auf sich und Ihr Angebot/Ihre Stärken aufmerksam machen.

Vielfältig einsetzbar:
Auf Konferenzen und Netzwerkveranstaltungen, mit Kooperationspartnern, internen Kunden und Auftraggebern, im Bewerbungsgespräch und in der Gehaltsverhandlung.

Der Elevatorpitch lebt davon, das eigene Ziel klar zu haben, dafür die wesentlichen Fakten zu präsentieren und eine möglichst emotionale Ansprache zu wählen.

Was ist Ihr Angebot und worin unterscheidet es sich von anderen?

Welchen Nutzen hat mein Ansprechpartner davon?

Welche Schlüsselworte sollte ich nennen, um Interesse zu wecken?

Mit welchen Einwänden muss ich rechnen und wie reagiere ich darauf?

Welche weiterführenden Infos kann ich geben, um gewecktes Interesse zu vertiefen?

KARRIERETIPPS TO **GO**

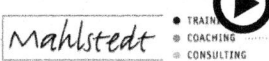

► https://www.youtube.com/watch?v=k37fqKsIgbI&feature=youtu.be

Oder machen Sie sich doch einmal den Spaß und stellen Sie die für Sie relevanten Zahlen, Daten und Fakten zusammen. Das hilft Ihnen auch dabei, Ihren USP zu manifestieren.

Beispiel

Hier ein Beispiel zu mir:

Anja Mahlstedt in Zahlen:

- 15 Jahre Erfahrung in unterschiedlichen HR-Funktionen
- seit mehr als 10 Jahren im eigenen Unternehmen tätig (seit 2006)
- Kunden aus mehr als 20 Branchen von 50 bis hin zu 27 000 Mitarbeitern
- Umsatz der betreuten Unternehmen von 300 000 bis 6,5 Mrd. Euro
- mehr als 50 Jahre Lebenserfahrung
- mehr als 10 Jahre Beratungserfahrung
- 2 Buchveröffentlichungen
- regelmäßige Moderation einer Fernsehsendung
- 6 Karrieren: erfolgreichster Hamburger Bankabschluss, jüngste Personalleiterin in der FMCG-Branche in Hamburg, erfolgreiche Unternehmerin, Autorin,

Moderatorin, „Haushaltsvorstand" eines 4-köpfigen Familienunternehmens mit einem minderjährigen Mitglied
- 2 Kinder, 1 Mann, 1 Haus, 0 Hunde, 1 Boot, 1 Marathon
- mehr als 5 am eigenen Leib ausgetestete Kinderbetreuungsmodelle
- 20 Jahre Eheerfahrung
- 4 Auslandsstationen
- 9 Umzüge
- 3,5 Sprachen (wenn man Plattdeutsch mitzählt)
- über 20 000 Trainingskilometer bis zum ersten Marathon Wurzeln bei 0 m über dem Meeresspiegel und zwischen den Meeren zu Hause – das macht mich sturmerprobt und ermöglicht meistens freie Sicht und Weitblick ...

Diese Zusammenstellung stärkt das positive Denken und schafft Klarheit. Jetzt sind Sie dran: Welche ZDFs sind für Sie nennenswert?

Wie also bleiben Sie im Gedächtnis? Als jemand, der auch über sich selbst lachen kann? Als jemand, der auch schwierige Sachverhalte einfach und unterhaltsam darstellen kann? Was wollen Sie verankern und welche Stärken wollen Sie platzieren? Damit Sie sicher sein können, dass man sich auf Sie besinnt, wenn Ihre Kompetenzen gefragt sind.

Ich wünsche Ihnen dabei viel Erfolg, eine gute Prise Humor und Durchhaltevermögen!

Übung 3.12.: Mein „ICH" in Zahlen

Doch allein der Elevator Pitch reicht noch nicht aus, um sich langfristig zu positionieren und den eigenen Namen, die eigene Marke „ICH" zu etablieren. Auch hier hilft wieder ein Blick in die aktuelle Markenwelt: Etablierte Marken haben eine ausgeklügelte Strategie, durch die sie immer wieder ins Rampenlicht rücken. Geheimnisvolle Vorankündigungen lassen den Verbraucher mitfiebern. Ikonen sind hier Apple und Telefónica Deutschland mit der „Alice"-Kampagne. Es wurden Appetithappen angeboten. Gerade genug, um den Verbraucher auf den Geschmack zu bringen.

Bei Apple wird der Hype um das neue Produkt schon lange vorher geschürt, lange bevor das neue Produkt überhaupt auf dem Markt ist. Es weckt in vielen Apple-Fans das Bedürfnis, einer der Ersten zu sein, der im Besitz der neuen Version eines Produktes ist. Ich bin immer noch beeindruckt von den Menschen, die sogar vor Apple-Geschäften kampieren, nur damit sie um 9 Uhr als Erster im Laden stehen, um dann stolz das neue Produkt in das Kameragewitter zu halten. Damit machen sie sich selbst zum Werbeboten par excellence.

Hinter dem Tarif „Alice" von Telefónica steckte ebenfalls eine ausgeklügelte Marketingstrategie. Wochenlang warben große Plakate an prominenten Stellen mit hoher Sichtbarkeit mit dem italienischen Model Vanessa Hessler für den neuen Tarif. Erst nur mit dem Model und dem Slogan „Jetzt kommt Alice in Ihr Leben". Später dann mit „Alice. Die schönste Flatrate". Die Verbraucher wurden zwischen der ersten und der zweiten Kampagne im Unklaren gelassen, wofür die schöne „Alice" wirbt. Neugier steigert die Erwartung und die Vorfreude.

Hieraus ergeben sich für Sie weitere Fragen für Ihre Marketing- und Kommunikationsstrategie.

Übung 3.13.: Meine Marketingstrategie

Wen möchte ich als Werbeboten für mich gewinnen?

_____
_____
_____
_____
_____
_____

Wie kann mir das gelingen?

_____
_____
_____
_____
_____
_____

Welche Informationen sollen über mich und meine Projekte platziert werden?

_____

_____

_____

_____

_____

Wie kann ich das Interesse an meinen Themen steigern und langfristig aufrechterhalten?

_____

_____

_____

_____

Welche Informations- und Kommunikationswege möchte ich nutzen?

_____

_____

_____

_____

_____

Nur ist es sicher wichtig, bei den Werbeboten auf adäquate Personen zu setzen. Oftmals wird in Organisationen eine Einschätzung nur wertgeschätzt, wenn sie „von dem Richtigen" kommt. Oder wie im Fall von „Alice": 2011 wurde bekannt, dass das Alice Model Vanessa Hessler sich nicht tragbar über Muammar al-Gaddafi geäußert habe. Telefonkonzern und Model trennten sich daraufhin sehr schnell und Werbeverträge wurden aufgelöst.

Das ist die eher kurzfristige Perspektive. Lassen Sie uns jetzt die langfristige Perspektive wagen.

3.7   Von der Marke „ICH" zur Vision

Wenn Unternehmen, die Marken produzieren und erfolgreich positionieren, über die Formulierung einer Vision nachdenken, dann muss zuerst die Frage nach dem „Warum" geklärt werden. Warum ist es sinnvoll, dass viel Zeit und noch mehr Geld investiert wird, um Visionen und Leitbilder zu entwickeln und idealerweise auch im Unternehmen erlebbar zu machen? Gut gemachte Visionen, an denen sich das Managementverhalten wirklich ausrichtet, geben Orientierung, und zwar langfristig. Auch wenn eine Marke den Zenit ihres Erfolges überschritten hat, sind die Vision und deren Bestandteile wie Leitbild, Mission und Strategie idealerweise noch vorhanden. Die Mitarbeiter wissen durch die Vision (Wer sind wir, wenn wir unsere Vision erreicht haben?), die Mission (Was ist der tiefere Sinn unseres Handelns?) und die Strategie (Wie kommen wir da hin, wo wir hinwollen?), was von ihnen erwartet wird und wie sich das Unternehmen langfristig ausrichten möchte. Vielfach wünschen sich Manager mehr „Unternehmertum" von ihren Mitarbeitern, also: mehr Eigeninitiative, mehr innovative Ideen und vorausschauendes Handeln. Doch ohne eine wirklich implementierte Vision, die nicht mit jedem neuen Vorstand wieder abgelöst wird, sowie der Bereitschaft des Managements, das eigene Handeln wirklich sichtbar für die Mitarbeiter daran auszurichten, bleibt dieser Wunsch für die Mitarbeiter schwer umsetzbar. Woran soll ich mein Tun ausrichten, wenn die Orientierung und damit die Sicherheit fehlen?

Treffend formulierte Visionen geben diese Orientierung, hier einige Beispiele:

Beispiel

„Our vision : A world without Alzheimer's"[16]
„To create a better everyday life for the many people"[17]
„To become the worldwide leader in retailing"[18]
„Stell Dir eine Welt vor, in der jeder einzelne Mensch freien Anteil an der Gesamtheit des Wissens hat."[19]

Diese Visionen sind klar formuliert, lassen keine Interpretation zu und sprechen die Vorstellungskraft an.

---

[16] Alzheimer´s Assoziation.
[17] Ikea.
[18] Walmart.
[19] Wikipedia.

Beispiel

Bei Microsoft sieht man dagegen deutlich den Unterschied zwischen einer gut gemachten und einer weniger gut formulierten Vision:
Die aktuelle Vision lautet: „Global diversity and inclusion is an integral and inherent part of our culture, fueling our business growth while allowing us to attract, develop and retain this best talent, to be more innovative in the products and services we develop, in the way we solve problems, and in the way we serve the needs of an increasingly global and diverse customer and partner base."
Die alte Vision hieß kurz und knapp: „A personal computer in every home running Microsoft software."
Hinter welcher Formulierung könnten Sie als Mitarbeiter eher stehen?

Ähnlich ist es bei uns selbst. Wenn ich eine innere Vision habe, dann richte ich intuitiv mein Handeln danach aus. Auch wenn sich die Rahmenbedingungen verändern, mein Umfeld neue Erwartungen an mich stellt oder der Bedarf sich ändert. Ich weiß, welche Erwartungen ich erfüllen will und welche auch nicht. Ich weiß, wo ich meine persönliche Marke „ICH" nachjustieren möchte, und ich kann meine Handlungen entsprechend ausrichten.

Übersicht

Vision: Die Beschreibung eines erstrebenswerten Zustands in der Zukunft mit dem Ziel, Orientierung und Ausrichtung zu ermöglichen. Sie ist allgemein und positiv formuliert und ist vergleichbar mit einem Richtstern.
Im Unternehmenskontext soll die Vision den Mitarbeitern mehr Eigenverantwortung, Entscheidungskompetenz und mehr Identifikation ermöglichen und damit mittelfristig zu mehr Zufriedenheit und weniger Fluktuation führen. Die Vision bezieht, zumindest indirekt, die Unternehmenswerte ein und basiert auf den wichtigsten Stärken des Unternehmens.

Hilfreiche Fragen zur Erarbeitung der Vision:

• Welche Stärken bringt unser Unternehmen in den Markt ein?
• Wie sieht die Zukunft aus, wenn wir unsere Vision erreicht haben?

Leitbild: Das Leitbild ist Bestandteil der Vision und beschreibt konkret die angestrebte Art der Führung und Zusammenarbeit im Unternehmen. Die Akzeptanz des Leitbildes setzt voraus, dass es im Dialog von Mitarbeitern und Führungskräften formuliert wird. Es setzt einen Diskurs über die Werte voraus, die im Unternehmen sichtbar gelebt werden sollen. Um im Bild des Richtsterns zu bleiben, beschreibt das Leitbild die Art und Weise der Reisegestaltung, um dem Richtstern näher zu kommen.

Hilfreiche Fragen zur Erarbeitung des Leitbildes:

- Welche Werte sind uns wichtig?
- Wie wollen wir unsere Führung und Zusammenarbeit gestalten?

Mission: Die Mission formuliert den Unternehmenszweck. Sie bringt den Anspruch, den das Unternehmen hat, auf den Punkt und formuliert den Nutzen. Für Kunden und externe Betrachter ist dieser Teil der wichtigste Teil der Vision. Insofern wird die Mission häufig auch in Form eines Statements formuliert, das zu Werbezwecken genutzt wird. (Wie z. B. „die Bank an Ihrer Seite", „Wir geben Ihrer Zukunft ein Zuhause"). Im Sternenbild könnte das heißen: „Mit unserer interkulturellen Besetzung und ausgestattet mit der neuesten Technologie ist unser Raumschiff uneinnehmbar und auf Kurs!"

Hilfreiche Fragen zur Erarbeitung der Mission:

- Wofür stehen wir?
- Was ist unser Unternehmenszweck?
- Wie ist das für den Kunden spürbar?
- Was macht uns einzigartig?
- Welchen Nutzen bieten wir?
- Warum tun wir das, was wir tun?

„Wer ein „Warum" fürs Leben hat, der kann fast jedes ‚Wie' ertragen![20]

Beziehen Sie diesen klugen Satz einmal auf den Unternehmenskontext: Wie viele Veränderungsprojekte in Unternehmen wären wohl erfolgreicher verlaufen, wenn das „Warum" nachvollziehbarer erklärt worden wäre? Wie viele Mitarbeiter hätten sich stärker mit Themen identifizieren können, wenn das „Warum" nicht oftmals eine leere Blase geblieben wäre? Das „Warum" klar zu erkennen ist kraftvoll und setzt ungeahnte Energien frei.

Strategie:
Die Strategie beschreibt den Prozess, mit dem die Vision mit Leben gefüllt werden soll.
   Sie beinhaltet eine Analyse der aktuellen Situation und fokussiert in der Umsetzungsphase kurz-, mittel- und langfristig auf interne und externe Prozesse. Sie ist ganzheitlich ausgerichtet und setzt Projekte in unterschiedlichen Bereichen wie Marketing, Vertrieb, Produktion, Logistik, Personal u. a. auf, die den Blick sowohl nach innen als auch nach außen auf die Kunden und Mitbewerber richten. Bildhaft gesprochen ist dies also die Reiseroute des Raumschiffs auf dem Weg zum Richtstern.

Hilfreiche Fragen zur Erarbeitung der Strategie:

- Bis wann wollen wir unsere Vision erreicht haben?
- Welche Schritte sind nötig zur Erreichung unserer Vision?
- Wie messen wir das Erreichen dieser Meilensteine?

---

[20] Sabine Asgodom, Unternehmerin und Coach.

- Wie beziehen wir Mitarbeiter und Management dauerhaft ein, die Vision zu „ihrer" Vision zu machen?
- Welche unserer Stärken können wir dazu wie weiter ausbauen?
- Welche zusätzlichen Kompetenzen/Produktfelder/Zielgruppen müssen wir uns erschließen?

Dies sind nur einige ausgewählte Fragestellungen. Die Strategie ist der Weg zum Ziel und damit viel konkreter und idealerweise realistisch formuliert.

Vergleichen Sie Ihre Markenarbeit mit der eines Sportlers. Ihnen ist klar, und anderen auch, Sie sind ein guter Sportler, mit guter Kondition und Sie erhalten viel Unterstützung von Ihrer Mannschaft und Ihrem Verein. Ihre präferierte Strecke war bisher die Kurzstrecke. Aber das macht Ihnen nicht mehr so viel Spaß und außerdem werden Sie auch älter. Schon lange träumen Sie davon, auf der Langstrecke erfolgreich zu sein. Einfach unter den gleichen Rahmenbedingungen weiter zu trainieren, wird Sie Ihrem Ziel nicht näherbringen. Sie bringen zwar schon viel Wettkampferfahrung mit, aber sowohl Ihr Trainingsplan als auch Ihr Ernährungsplan sprechen andere Muskelgruppen an. Für die Langstrecke sind andere Muskelpartien gefragt. Sie brauchen andere Berater, andere Trainer, ergänzende Rollenmodelle und vielleicht sogar einen Vereinswechsel, um sich Ihren Traum zu erfüllen.

Und jetzt sind Sie dran. Lassen Sie uns dieses Wissen basierend auf Ihrer MARKE-Strategie nutzen, damit Sie Ihren Richtstern formulieren können. Jetzt ist es Zeit für mehr Selbstbestimmtheit, Zeit, um Ihre Ideen in die Tat umzusetzen und mit Leben zu füllen. Sicher sind Ihnen beim Lesen der bisherigen Kapitel auch einige Geschichten eingefallen, die Sie geprägt haben. Welche Geschichten sind es, die Sie später erzählen möchten? Was braucht es, damit Sie die Geschichten erleben können, die Sie später erzählen möchten?

Zu Beginn des Buches habe ich geschrieben, dass wir alle Believer sind und an Markenversprechen glauben. Lassen Sie andere Menschen an Sie glauben!

Die Produktmarke gibt dem Verbraucher Vertrauen und Ausrichtung in seinem Konsumentenverhalten. Die Vision gibt den Mitarbeitern Orientierung und mehr Möglichkeit zu Eigenverantwortung und gelebtem Unternehmertum. Ihre Marke „ICH" gibt Ihnen Orientierung für Ihre Karrieregestaltung, Ihre Vision ist die Ausrichtung Ihrer langfristigen Lebensplanung.

Für mich ist das der konsequente Schritt vom Selbstmanagement zum Leadership.

> Manager gestalten die Gegenwart, echte Leader gestalten die Zukunft.

Gestalten Sie Ihre Zukunft!

Übung 3.14.: Meine Vision

Bitte berücksichtigen Sie die bereits erarbeiteten Themen bei der Erarbeitung Ihrer Vision. Sie sehen, alles greift ineinander. Jetzt ergibt sich auch die Gelegenheit, noch etwas genauer an den Formulierungen zu feilen. Viel Spaß und Erfolg!

Meine Markenbasis: Welche Werte sind mir wichtig?

_____

_____

_____

_____

Meine Strategie:
M: Wer und was können mir helfen, meinen Weg mutig zu gehen?

_____

_____

_____

_____

A: Was zeichnet mich aus und macht mich besonders?

_____

_____

_____

_____

R: Wen habe ich und wen brauche ich in meinem Netzwerk?

_____

_____

_____

_____

K: Welche Kompetenzen bringe ich bereits mit und welche möchte ich noch ausbauen?

_____
_____
_____
_____
_____

E: Welche Bühnen werde ich zukünftig nutzen, um meine Marke zu präsentieren? Welche Werbeboten möchte ich nutzen?

_____
_____
_____
_____
_____

Mein Leitbild:
Woran glaube ich?
Woran habe ich schon immer selbst geglaubt, ohne dass ich es erst lernen musste?
Welche innere Haltung ergibt sich daraus?

_____
_____
_____
_____
_____
_____
_____
_____
_____

Meine Markenmission: Wie lautet mein Radiospot und wie hört er sich an?

_____
_____
_____
_____
_____
_____
_____
_____

Meine Markenvision für meine Weltmarke mit drei Buchstaben:
Wofür steht mein ICH?

_____
_____
_____
_____
_____
_____

Wer bin ich und wie ist das für die anderen erlebbar?

_____
_____
_____
_____
_____

Welche Geschichte habe ich zu erzählen?

_____
_____
_____
_____
_____
_____
_____
_____
_____

Zusammenfassung Kap. 3:

In Abb. 3.2. sehen Sie noch einmal die Schritte von der Marken-Basis zur Vision auf einen Blick. Die MARKE-Strategie ermöglicht Ihnen die Bearbeitung der nächsten Schritte für Ihre Marke „ICH", damit Ihre Positionierung und Ihr Mehrwert so würdig sind, dass man Sie sich merkt! MARKE steht für „mutig Ihr Alleinstellungsmerkmal mit Ihren Ressourcen und Kompetenzen einsetzen!"

M steht für Mut

Es braucht Mut, um sich aus der allgemeinen Masse herauszubewegen ins Rampenlicht. Was hindert uns daran, uns zu trauen? Ängste kann man

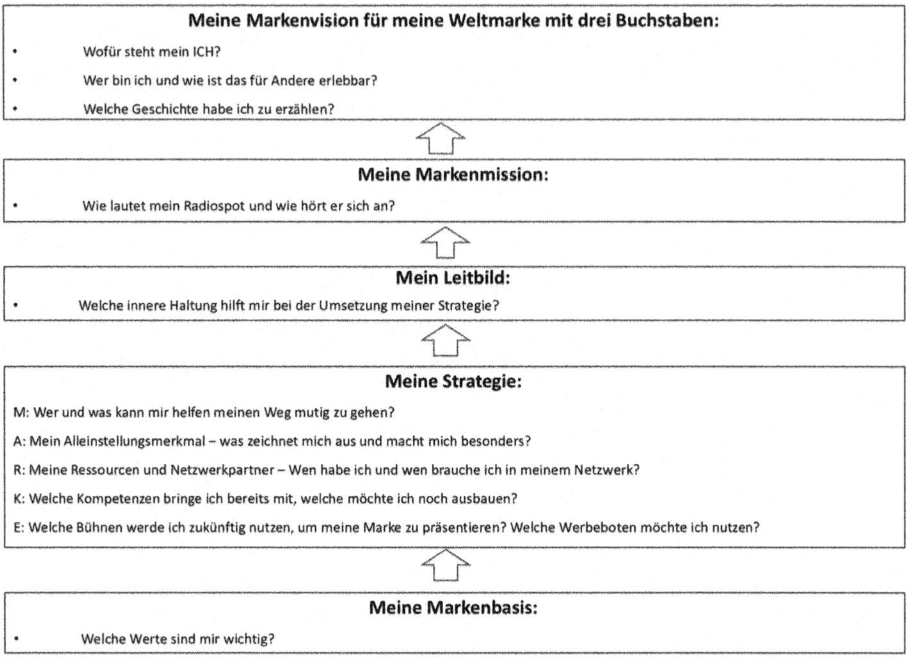

Meine Markenvision für meine Weltmarke mit drei Buchstaben:

- Wofür steht mein ICH?
- Wer bin ich und wie ist das für Andere erlebbar?
- Welche Geschichte habe ich zu erzählen?

⇧

Meine Markenmission:

- Wie lautet mein Radiospot und wie hört er sich an?

⇧

Mein Leitbild:

- Welche innere Haltung hilft mir bei der Umsetzung meiner Strategie?

⇧

Meine Strategie:

M: Wer und was kann mir helfen meinen Weg mutig zu gehen?

A: Mein Alleinstellungsmerkmal – was zeichnet mich aus und macht mich besonders?

R: Meine Ressourcen und Netzwerkpartner – Wen habe ich und wen brauche ich in meinem Netzwerk?

K: Welche Kompetenzen bringe ich bereits mit, welche möchte ich noch ausbauen?

E: Welche Bühnen werde ich zukünftig nutzen, um meine Marke zu präsentieren? Welche Werbeboten möchte ich nutzen?

⇧

Meine Markenbasis:

- Welche Werte sind mir wichtig?

Abb. 3.2 Anja Mahlstedt: Von der Basis zur Vision

überwinden und Stress beherrschen. Dazu braucht es allerdings eine individuelle Auseinandersetzung mit beiden Themen.

A steht für Alleinstellungsmerkmal

Alleinstehen kann manchmal sehr erfolgreich sein. Hier geht es um die Entwicklung Ihres USP oder anders formuliert Ihres Alleinstellungsmerkmals. Was macht Sie besonders und unterscheidet Sie von anderen?

R für Ressourcen

Beim „R" der MARKE-Strategie wird es darum gehen, welche Ressourcen Sie nutzen können, um Ihre Stärken erfolgreich zu platzieren und auszubauen. Viele Menschen sagen von sich, dass sie nicht gern im Mittelpunkt stehen und keine guten Netzwerker sind. Dabei ist es gar nicht so schwierig, das ABC des Netzwerkens zu beherrschen. Wir gehen gemeinsam der Frage nach, wer in das Netzwerk gehört und wie es Ihnen gelingt, Ihr Netzwerk zu aktivieren und auszubauen.

K für Kompetenz

Kompetenz und Stärken liegen eng beieinander. Um Ihre Kompetenz auszubauen, können Sie von anderen lernen und gezielt Feedback einholen. Wie das „Modelling" funktioniert und welches Feedback wirklich wertvoll ist, dazu mehr unter „K" der MARKE-Strategie

E für Einsatz

Einsatz und Engagement sind notwendig, um weiterzukommen. Das wissen wir und trotzdem fällt es uns manchmal schwer, ins Rampenlicht zu treten, wenn es darauf ankommt. Hier hilft gute Vorbereitung. Mit dem Elevator Pitch und Ihrem Radiospot sind Sie bestens gerüstet. So kommt keiner mehr an Ihnen vorbei!

Ergänzend zur MARKE-Strategie finden Sie in diesem Kapitel eine konkrete Anleitung zur Ableitung Ihrer persönlichen Vision. Auch hier bedienen wir uns wieder aus dem Unternehmenskontext: Die Formulierung einer eigenen Mission und eines persönlichen Leitbildes helfen Schritt für Schritt, um diese Vision konkret und erreichbar zu machen. Im übertragenen Sinne ist dies der konsequente Schritt vom Selbstmanagement zum Leadership.

Weiterführende Literatur

Asgodom, Sabine (München 2008): Die Frau, die ihr Gehalt mal eben verdoppelt hat, Kösel Verlag

Bandura, Albert (Stuttgart 1994): Lernen am Modell, Klett Verlag

Bandura, Albert, Richard H. Walters (New York 1963): Social Learning and personality development. Holt Rinehart and Winston, New York

Betzholz, Dennis und Plötz, Felix (München 2017): Palmen in Castrop-Rauxel: Mach dein Leben außergewöhnlich!", Redline Verlag

Diewald, Martin, (2006): „In Krisenzeiten werden Netzwerke wichtiger" auf Spiegel online, Zugriffsdatum 19.09.2017 http://www.spiegel.de/lebenundlernen/job/karriere-in-krisenzeiten-werden-netzwerke-wichtiger-a-426866.html

Foster Justin (New York 2003): Oatmeal vs Bacon: Oatmeal is Boring, Bacon is not – The Branding Book for People that Care

Werdes, Alexandra (2009): „Vitamine für die Karriere" auf Zeit online, Zugriffsdatum 18.08.2017 http://www.zeit.de/2009/23/C-Kompakt-Netzwerke

Weiterführende Videos

Always: LikeAGirl: Der Marke „Always" zeigt wie Storytelling gelingen kann, Zugriffsdatum 15.11.2017 https://www.youtube.com/watch?v=VhB3l1gCz2E

Atencio, Mariana: What makes you special?: TEDx University of Nevada, Zugriffsdatum 15.11.2017 https://www.youtube.com/watch?v=MY5SatbZMAo

Baumgartner, Felix: Space Jump World record 2012, Zugriffsdatum 13.10.2017 https://www.youtube.com/watch?v=vvbN-cWe0A0

Christiani, Alexander: Welche Geschichte erzählst du? Zugriffsdatum 15.11.2017 https://www.youtube.com/watch?v=bPpC_R0M1V0

eDola Politeknik Malaysia: Unique Selling Proposition https://www.youtube.com/watch?v=J0yOlLe0wqw

Mahlstedt, Anja: „Elevator Pitch" in Karrieretipps to go https://youtu.be/k37fqKsIgbI

Mahlstedt, Anja: „Netzwerken" in Karrieretipps to go https://youtu.be/K8bO-8q-gGY

Mahlstedt, Anja: „Im Bewerbungsprozess punkten" in Karrieretipps to go https://youtu.be/38yqJ20PZgg

Mahlstedt, Anja: „Storytelling" in Karrieretipps to go https://youtu.be/uSN6EMK_kF0

Peters, Tanja: So wirst Du sofort mutiger: 5 Schritte zu mehr Mut, Zugriffsdatum 15.11.2017 https://www.youtube.com/watch?v=rjlD_xj6yc0&t=98s

4

Wie verschiedene Blickwinkel die Orientierung verändern

Perspektivwechsel

4.1 Die Kritiker

… sagen: „Der Mensch ist keine Ware!"

Die Aufforderung zur Selbstvermarktung wird von vielen Menschen immer noch sehr kritisch gesehen. „Du musst Dich selbst besser vermarkten" wird mit der Antwort „Ich bin doch keine Handelsware!" entgegnet.

Elektronisches Zusatzmaterial
Die Online-Version für das Kapitel (https://doi.org/10.1007/978-3-658-21702-0_4) enthält Zusatzmaterial, das berechtigten Benutzern zur Verfügung steht. Oder laden Sie sich zum Streamen der Videos die „Springer Nature More Media App" aus dem iOS- oder Android-App-Store und scannen Sie die Abbildung, die den „Play button" enthält.

© Springer Fachmedien Wiesbaden GmbH, ein Teil von Springer Nature 2018
A. Mahlstedt, *Ihr Weg zur Marke „ICH"*,
https://doi.org/10.1007/978-3-658-21702-0_4

Der Marketingbegriff wird auf den Menschen übertragen. Kritiker sagen, dass bei der Vermarktung durch allzu eine große Öffentlichkeit der Privatmensch und die Privatsphäre gefährdet werden.

Im engeren Sinne ist mit Selbstvermarktung „Personenvermarktung" gemeint. Personalmarketing ist mittlerweile eine selbstverständliche Disziplin im Unternehmen, genauso wie das Employer Branding. Wie kann das Unternehmen als Arbeitgebermarke für zukünftige Mitarbeiter am Markt möglichst attraktiv positioniert werden? Diese Frage treibt die Experten des Employer Branding um. Immer mehr Unternehmen nutzen ihre eigenen Mitarbeiter, um diese Positionierung zu stärken und für Vertrauen in der Öffentlichkeit zu sorgen. Mitarbeiter statt Models zieren mittlerweile Lieferwagen von Handwerksunternehmen und zeigen damit augenschein- lich, dass sie sich mit ihrem Arbeitgeber identifizieren. Das schafft Vertrauen und kommt bei den Kunden meist gut an. In der aktuellen Kampagne der Hamburger Sparkasse werben Mitarbeiter mit ihrem Konterfei und geben auch etwas von ihrem privaten Background preis. In den einzelnen Filialen sind schon am Eingang die Vornamen der Mitarbeiter zu lesen, die E-Mails werden mit Bild und Untertitel wie „meine Bank heißt … " versehen, und dann folgt der Vorname des jeweiligen Beraters.

Auch andere Unternehmen setzen auf Mitarbeiter statt Models: Ob bei Carglass, Obi, der Rügenwalder Mühle oder der HSH Nordbank, das Marketing mit den Mitarbeitern soll Glaubwürdigkeit und Identifikation mit den Produkten des Arbeitgebers vermitteln.[1] Selbst vor einem Fotoshooting in Unterwäsche wird nicht haltgemacht, so geschehen beim schwäbischen Unterwäschehersteller Comazo.

Doch ist das wirklich so kritisch zu sehen?

Der Lebensmittelhersteller Rügenwalder Mühle reagiert damit auf Wünsche der Kunden, nachdem eine repräsentative Infratest-Studie zu dem Ergebnis kam, dass sich die Mehrheit der Kunden mehr Offenheit vom Unternehmen wünsche.

Sagen die Kritiker, dass damit natürlich auch Werbebudgets gekürzt werden können, versichern die Unternehmen (so z. B. Comazo), dass sie die einge- sparten Gelder für soziale Zwecke spenden.

Und fragt man die Mitarbeiter, die als Models agieren, sagen diese, dass sie Spaß an dieser Aufgabe haben und sich aus alleinigem Antrieb positionieren. Freiwilligkeit und Identität sind Trumpf!

---

[1] Quelle: http://www.spiegel.de/karriere/mitarbeiter-statt-models-in-der-werbung-a-932606.html, KarriereSpiegel vom 9.11.2013.

Doch nicht alles, was für den einen gut ist, ist für den anderen erstrebenswert. Gerade in wirtschaftlich angespannten Phasen, Phasen der Veränderung oder Radikalisierung werden die eigenen Werte stärker in den Mittelpunkt gerückt, das Umfeld kritischer hinterfragt. Rückzug statt Vorpreschen ist für viele Menschen die Strategie. Sie fühlen sich im warmen Wasser ganz wohl und können auch damit leben, dass andere Menschen sie als Frosch sehen. Solange, ja solange das Wasser nicht zu heiß wird oder gar kocht. Wissenschaftler nennen dieses Phänomen Cocooning.[2] Damit wird der Trend bezeichnet, sich aus der Öffentlichkeit zurückzuziehen und den Fokus auf das Privatleben zu legen. Neuerdings wird auch vom Glück des Mittelmaßes gesprochen. Wenn für Sie Mittelmaß sexy klingt, dann ist es gut! Dann seien oder werden Sie genau auf diese Weise glücklich und vor allen Dingen zufrieden.

Und dann gibt es da noch die vielen Menschen, die strikt zwischen ihrem Privat- und ihrem Berufsleben trennen: von 9 bis 17 Uhr die berufliche und danach dann die private Rolle. Das eine soll nicht mit dem anderen vermischt werden.

In meiner Generation kenne ich eine ganze Menge Menschen, die so denken. Das akzeptiere ich, finde es selbst aber manchmal befremdlich. Ich bin der Überzeugung, dass die eine Rolle die andere sehr befruchten kann. Ich bin doch eine ganzheitliche Persönlichkeit und entwickle mich weiter, wenn ich mich mit meinen Stärken und Leidenschaften auseinandersetze und mich darauf verstärkt fokussiere. Die Generation Y lebt diese Trennung in geringerem Ausmaß. Beruf und Privates fließen ineinander und haben Einfluss aufeinander. Der eine Bereich wird an den anderen angepasst und umgekehrt. Darauf müssen sich Arbeitgeber einstellen, wenn sie Young Professionals an sich binden wollen, sie profitieren aber auch davon. Arbeitszeiten und Arbeitsorte werden flexibler gestaltet. Wann und von welchem Ort ich meine Leistung erbringe, hängt davon ab, wie dies in meine Gesamtplanung passt, nicht vor dem Hintergrund der Optimierung, sondern eher mit dem Ziel von mehr Ausgewogenheit und Balance.

Wenn es Ihnen ähnlich geht und Sie sagen: „Nein, ich will mehr!", dann machen Sie sich auf den Weg! Markenbildung ist gar nicht so mysteriös und kompliziert!

4.2 Die Markenaffinen

… sagen: „Ich will nicht in der Masse untergehen!"

---

[2] Der Begriff wurde in den 80er Jahren erstmals von der US-amerikanischen Trendforscherin Faith Popcorn geprägt.

Gerade ein immer anonymer werdendes Umfeld und die Zunahme an Geschwindigkeit wirken sich auf uns Menschen aus. Schnelllebigkeit und Austauschbarkeit haben ihren Preis. Ich bin ersetzbar, wenn ich mich nicht positioniere, und schnelle Veränderungen geben meinem Wissen eine immer kürzere Halbwertszeit.

Zur Begriffsentwicklung des „Selbstmarketings" heißt es in Wikipedia: „Mit steigender Fragmentierung der Gesellschaft in den 1980er und 1990er Jahre wurde der Selbstmarketing-Begriff in Anlehnung an die Markentechnik bzw. das Branding im Rahmen des Marketings zunehmend genutzt, denn eine Marke schafft Vertrauen und Differenzierung zugleich: Durch Marken erfolgt eine Orientierung im Angebot."[3]

Buzzwords wie „Human Capital" oder „Outplacement" stellen nicht auf den ersten Blick das Individuum in den Mittelpunkt. Die Gefahr der Beliebigkeit ist groß und damit auch der Gefahr, in der Masse unterzugehen.

Die Notwendigkeit, lebenslang zu lernen und sich immer wieder auf dem Arbeitsmarkt „neu" zu positionieren, wird spätestens dann klar, wenn ich das erst einmal persönlich den Kontakt zu einem Outplacement-Berater suchen musste. Kaum einer von uns wird noch die Erfahrung machen, dass er bei seinem ersten Arbeitgeber bis zum Eintritt in den Ruhestand bleibt. Ganz abgesehen davon, dass das auch nicht unbedingt für viele von uns erstrebenswert ist. So wie die Marke dem Konsumenten Orientierung und Vertrauen gibt, kann Ihnen Ihre Marke „ICH" ebenso Ausrichtung und Sichtbarkeit geben. Und nicht nur Ihnen, sondern insbesondere Ihren potenziellen internen und externen Kunden und Ihrem Arbeitgeber.

Lassen Sie uns doch noch einmal gemeinsam in Gedanken an einem Regal in einem großen Supermarkt vorbeischlendern. In unserem Sommerurlaub in Cornwall verbrachte ich einige Zeit ratlos vor dem überbordenden Keksregal der Supermarktkette Sainsbury´ auf der Suche nach einer Kekssorte, die der gesamten Familie zusagt. Am Ende kaufte ich zwei Packungen: eine Kekssorte, um etwas Neues auszuprobieren. Schließlich gehören ja auch gustatorische neue Erfahrungen zum Urlaubsfeeling dazu. Zusätzlich griff ich zu der mir bekannten Marke aus Deutschland

Ist es nicht eine ähnliche Situation, wenn ich einen Projektauftrag zu vergeben oder eine neue wichtige Position zu besetzen habe? Wer aus der Masse heraussticht, den höheren Bekanntheitsgrad hat oder seine Stärken klarer und eindeutiger positioniert, hat die besseren Chancen. Diese „Qualitäten", die den Menschen aus der Masse hervortreten lassen, die ihn sympathisch,

---

[3] https://de.wikipedia.org/wiki/Selbstmarketing#Begriffsentwicklung, Zugriffsdatum 28.4.2018.

charismatisch und vertrauenserweckend erscheinen lassen, sind natürlich viel subtiler als bei einem Produkt. Doch gerade diese Qualitäten lassen sich mit Reflexion, Selbsterkenntnis und Training verstärken und nutzen. Und noch eines wird deutlich. Durch die klare Ausrichtung, durch die Konzentration auf unsere Leidenschaften vermeiden wir ein grundsätzliches „größer, höher, weiter". Wir wissen, wenn wir uns intensiv mit unserem Markenthema auseinandergesetzt haben, wo es sich lohnt zu investieren und wo auch nicht. Und zwar aus unserer Perspektive, basierend auf unserem USP und basierend auf dem für uns wirklich Wichtigen. Das hilft uns, den Fokus zu behalten, und ist damit ein Glücksfaktor in der heutigen Zeit des Information Overloads.

Und wenn wir schon beim Faktor Glück sind, dann geht es bei der Definition der eigenen Marke „ICH" doch noch um viel mehr als darum, die eigene Employability aufrechtzuerhalten. Es geht darum, sich mit sich selbst auseinanderzusetzen, und es geht darum herauszufinden, was mein eigentlicher Antrieb ist. Wenn ich das tue und das Gefühl habe, den Fokus auf die Dinge legen zu dürfen, die mir wirklich wichtig sind und die mich ausmachen, dann vereine ich Kopf, Herz und Bauch. Dann bin ich eins mit mir und meist sehr zufrieden, wenn nicht sogar glücklich.

Kennen Sie das Ende des Films „Harry meets Sally"[4]? In dieser Szene sagt Harry zu Sally sinngemäß: „Wenn man den Menschen gefunden hat, mit dem man den Rest seines Lebens verbringen möchte, dann möchte man auch, dass der Rest seines Lebens so schnell wie möglich beginnt."

> **Wer seine berufliche Bestimmung gefunden hat, der muss nicht mehr arbeiten.**

Ist es in unserem beruflichen Umfeld nicht ähnlich? Wer seine Bestimmung gefunden hat, muss nicht mehr arbeiten, sondern tut dies aus eigenem Antrieb. Er empfindet das, was er tut, nicht als Arbeit und möchte, dass für die Dinge, die ihm wichtig sind und für die er steht, auch ausreichend Zeit zur Verfügung steht. Mir geht es immer so, wenn ich ein neues Trainingskonzept entwickle oder wenn ich neue Ideen umsetzen möchte. Auch jetzt, beim Schreiben dieses Buches, empfinde ich den Prozess nicht als Arbeit. Über die Themen, die ich weiterentwickle, denke ich in solch einer Phase ständig nach, ob beim Joggen oder unter der Dusche. Das ist keine Arbeitszeit, sondern kreative und gut genutzte Zeit.

---

[4] „Harry meets Sally", Liebeskomödie des Regisseurs Rob Reiner aus dem Jahr 1989 mit Meg Ryan und Billy Crystal.

Oft fällt in unserem inneren Dialog das Wörtchen „muss": „Das muss ich noch tun, das muss ich noch erledigen, das steht ja schließlich auf meiner To-do-Liste. Das Projekt muss unbedingt noch fertig werden, schließlich erwarten das ja die anderen von mir." Beobachten Sie doch einmal Ihren inneren Dialog. Welches Wort nutzen Sie häufiger, „muss" oder „darf"? Ich habe da so eine Vermutung, Sie auch?

Unser Sohn brachte das zu Beginn seiner Schulzeit auf den Punkt. Er fühlte sich sehr wohl im Kindergarten, und war die Einschulung wirklich herausfordernd für uns alle. Der erste Schultag wurde ohne größere Hürden gemeistert, und wir Eltern entspannten uns ein bisschen. Bis er am zweiten Schultag nach Hause kam. Ich öffnete ihm die Tür, und die erste Frage, die er mir stellte, war: „Mama, muss, darf oder kann ich zur Schule gehen?" Was hätten Sie geantwortet?

Bei der Bundeswehr gab es früher das Ritual, mit einem Maßband die noch verbleibenden Tage bis zum Ende des Wehrdienstes zu zählen. Jeden Tag wurde eine Zahl abgeschnitten, das Maßband kürzer und die Freude auf die bevorstehende Freiheit größer. Ich kenne Menschen, die dieses Ritual auch im letzten Jahr vor Eintritt in den Ruhestand pflegen. Wie unglücklich müssen diese Menschen mit ihrem beruflichen Leben gewesen sein, wenn sie sich solch einer Handlung bedienen? Wenn ich von durchschnittlich 40 Arbeitsjahren ausgehe und berücksichtige, dass Menschen, die in ihrem Arbeitsleben nicht wirklich ihre Bestimmung gefunden haben, auch in ihren Ferien darüber kritisch nachdenken, dann sind das durchschnittlich 14 600 Tage. 14 600 Tage, die sie sich fremdbestimmt und ferngesteuert gefühlt haben. 14 600 Tage, die sie gegen ihre Bestimmung gelebt haben und deren Ende sie jetzt herbeisehnen. Welch eine Verschwendung an Ressourcen, Zeit und Glück!

4.3   Die Zufriedenen

… beantworten die in diesem Kapitel formulierten Testfragen positiv.

Auch ohne auf den Unterschied zwischen dem kurzfristigen Glück, das mir zwischen den Fingern zerrinnen kann, und dem wohligen Gefühl der Zufriedenheit, das ich selbst herbeiführen kann, einzugehen, ist klar: Ich habe Einfluss auf meine Zufriedenheit. Mein eigenes Wohlbefinden hängt mit meinem kognitiven Urteil über mein eigenes Leben zusammen. Die Antwort auf diese Frage kann mich in Bewegung setzen oder mich verharren lassen. Wie geht es Ihnen? Wie steht es um Ihre mentale Einstellung, um Ihre Klarheit und um die Auseinandersetzung mit den Fragen zur Gestaltung der eigenen Marke „ICH"?

Ed Diner[5] ist der erste Psychologe, der einen Test zur Erhebung der Zufriedenheit entwickelt hat.

Der folgende Selbsttest ist eine Weiterentwicklung der „Satisfaction With Life Scale" (SWLS), welche Mitte der 80er Jahre von ihm entwickelt wurde.

Übung 4.1.: Wie zufrieden bin ich?

Sie finden nachfolgend 20 Aussagen, denen Sie zustimmen oder mit denen Sie nicht ganz einverstanden sind. Bitte nutzen Sie die Skala von 1–7 in Abhängigkeit vom Grad Ihrer Zustimmung. Seien Sie möglichst ehrlich zu sich selbst!

1 = Ich stimme überhaupt nicht zu
2 = Ich stimme nicht zu
3 = Ich bin nicht ganz der Meinung
4 = Ich bin neutral eingestellt
5 = Ich stimme ein bisschen zu
6 = Ich stimme zu
7 = Ich stimme in Gänze zu

Hier die Aussagen für Sie[6]:

1. __ Ich blicke optimistisch in die Zukunft
2. __ Ich werde gebraucht
3. __ **Meine aktuellen Lebensumstände sind ausgezeichnet**
4. __ Ich kann mich gut entspannen
5. __ Ich bin an anderen Menschen interessiert
6. __ **Mein Leben ist nahe an meiner Idealvorstellung**
7. __ Ich habe noch Energie übrig
8. __ Morgens nach dem Aufwachen freue ich mich auf den Tag
9. __ Das Leben meint es gut mit mir
10. __ Ich kann gut mit Problemen umgehen
11. __ **Ich habe die wichtigen Dinge so weit erreicht, die ich in meinem Leben erreichen möchte**
12. __ Ich fühle mich gut, wenn ich an mich selbst denke
13. __ Ich fühle mich anderen Menschen zugehörig
14. __ Ich bin selbstsicher
15. __ **Ich bin zufrieden mit meinem Leben**
16. __ Ich bilde mir meine eigene Meinung
17. __ Ich fühle mich geliebt
18. __ Ich interessiere mich für neue Dinge
19. __ Ich bin fröhlich
20. __ **Wenn ich mein Leben noch einmal leben könnte, würde ich fast nichts ändern**

Addieren Sie bitte Ihre Punktzahl.

---

[5] Ed Diener, Psychologieprofessor an der University of Illinois, entwickelt den „Satisfaction with life test", der als wissenschaftlich am besten belegt gilt, unabhängig von Bildungsstand, Geschlecht oder ethnischer Zugehörigkeit.

[6] Die Fragen 3, 6, 11,15 und 20 sind die ursprünglichen Fragen aus Dieners Test.

Einschätzung:

120 – 140 Punkte: Sie sind sehr zufrieden
Haben Sie eine so hohe Punktzahl erreicht, lieben Sie Ihr Leben und finden, dass die Dinge sehr gut verlaufen. Das Leben ist nicht perfekt, aber Sie sind der Meinung, dass es so gut ist, wie es nur sein kann. Dass Sie sehr zufrieden sind, bedeutet nicht, dass Sie selbstgefällig sind. Vielmehr tragen die Herausforderungen und Wachstumsmöglichkeiten, die Sie in Ihrem Leben erkennen, zu Ihrer Zufriedenheit bei. Sie genießen Ihr Leben in allen wesentlichen Bereichen. Ob intuitiv oder nicht, Sie haben bereits an Ihrer Markenbildung gearbeitet. Sie werden wahrgenommen und empfinden das auch so. Sie fokussieren sich auf die für Sie wesentlichen Dinge und können diese ebenso wie Ihre Erfolge auch genießen.

100 – 119 Punkte: Sie sind zufrieden
Sie mögen Ihr Leben und sind der Meinung, dass die Dinge gut laufen. Natürlich ist nicht alles perfekt, aber Sie empfinden die meisten Ereignisse als positiv. Sie empfinden Ihr Leben als angenehm, ohne selbstgefällig zu sein. Die Bereiche, mit denen Sie unzufrieden sind, motivieren Sie. Sie sind dabei, Ihre Marke weiter auszubauen, und setzen sich mit den Themen auseinander, die Sie für verbesserungswürdig halten.

80 – 99 Punkte: Sie sind durchschnittlich zufrieden
Mit diesem Ergebnis liegen Sie im Durchschnitt. Sie sind insgesamt zufrieden, aber es gibt einige Bereiche in Ihrem Leben, in denen es besser laufen könnte. Auch wenn Sie in weiten Teilen Ihres Lebens ausgesprochen zufrieden sind, so gibt es doch Themen, in denen Sie sich eine Verbesserung wünschen. Wenn es auch nur einzelne Aspekte sind, die Sie für verbesserungswürdig halten, was hindert Sie bisher daran, diese Themen anzugehen? Welche inneren oder äußeren Hürden halten Sie zurück, sich auf den Weg nach mehr Qualität zu machen?

60 – 79 Punkte: Sie sind etwas weniger zufrieden als der Durchschnitt
Mit diesem Ergebnis haben Sie kleine, aber eindeutige Probleme in verschiedenen Lebensbereichen. Oder es gibt viele Bereiche, in denen es gut läuft – Arbeit oder Schule, Familie, Freizeit und persönliche Entwicklung – während einer dieser Bereiche ein substanzielles Problem für Sie bedeutet. Wenn Sie wegen eines akuten Ereignisses von einem höheren Level an Zufriedenheit auf diesen Wert abgerutscht sind, dann wird sich Ihre Zufriedenheit voraussichtlich bald wieder verbessern. Wenn Sie aber dauerhaft unzufrieden mit manchen Lebensbereichen sind, dann sollten Sie Veränderung anstreben.

40 – 39 Punkte: Sie sind (extrem) unzufrieden
Mit diesem Ergebnis sind Sie substanziell unzufrieden. Womöglich finden Sie, dass es in vielen Lebensbereichen nicht gut läuft, oder es gibt ein bis zwei Bereiche, in denen Sie erhebliche Probleme sehen. Ein schwerwiegendes Ereignis wie der Verlust des Arbeitsplatzes, ein Trauerfall oder eine Scheidung führt sicherlich zu einem extrem niedrigen Wert in Ihrer Selbsteinschätzung. Bleibt aber diese Unzufriedenheit dauerhaft bestehen ohne die beschriebenen einschneidenden Erfahrungen, dann ist eine Veränderung angebracht. Das kann mit einer Änderung der inneren Haltung, neuen Denkmustern oder neuen Aktivitäten beginnen. Professionelle Hilfe kann, insbesondere bei chronischer extremer Unzufriedenheit, unterstützen.

4.4 Die Glücklichen

… bewegen sich und starten durch, damit sich ihre Marke „ICH" noch weiter entwickeln kann. In welchem Alter sind Sie? Wenn Sie in den sogenannten „besten Jahren" sind, die sich aktuell aber gar nicht so gut anfühlen, weil Sie auf der Suche sind, dann sind Sie nicht allein. Kaum jemand entkommt der im Volksmund so genannten Midlife-Crisis. Meistens schlägt sie zwischen 40 und 50 zu und wir fangen an, uns auf die Suche zu begeben, zumindest nach Durchschreiten der Talsohle.

Die Midlife-Crisis erreicht fast alle Menschen, ganz unabhängig von ihren Genen oder der inneren Haltung. Unterschiedlich ist nur, in welchem Lebensalter die Stimmung den Tiefpunkt erreicht. Die Briten trifft die Krise im Durchschnitt schon mit 35,8 Jahren während die Italiener erst mit 64,2 Jahren ihr Stimmungstief erreichen. Die Deutschen haben ihre Midlife-Crisis tatsächlich etwa in der Mitte ihres Lebens mit durchschnittlich 42,9 Jahren.[7]

Die gute Botschaft ist, dass die Zufriedenheit im Leben eines Menschen häufig in einer U-Kurve verläuft. Meist wächst die Zufriedenheit nach Durchschreiten der Talsohle bis kurz vor dem Tod wieder an.

Die intensive Auseinandersetzung allerdings mit den eigenen Zielen, dem eigenen Mehrwert, dem eigenen Ich kann das Durchschreiten der Talsohle beflügeln. Und im besten Fall kann es sogar verhindern, in das „Tal der Tränen" zu sinken.

Die Beschäftigung mit dem eigenen Ich, mit der eigenen Marke, lässt mich selbst wieder mehr in den Mittelpunkt meines eigenen Tuns rücken. Wenn mir meine Entwicklung glückt und ich die Entwicklungsschritte wahrnehme, dann ist das allein schon ein hoher Zufriedenheitsfaktor. Oftmals bin ich so gefangen im Erfüllen der täglich an mich gestellten Erwartungen und bin im eigenen Hamsterrad unterwegs, dass ich für Veränderungen nicht offen bin. Gelingt es mir, auch mit Hilfe meiner MARKE-Strategie, mich mehr auf das Wesentliche zu besinnen und dies auch bei anderen zu platzieren, dann ist der erste Schritt in die richtige Richtung getan.

Auch das Hamsterrad sieht von drinnen aus wie eine Karriereleiter!
Und viele von uns merken es recht spät, dass sie sich im Kreis drehen, statt dass sie sich entwickeln. Häufig fängt der Kreislauf mit diesem Gefühl der Unzufriedenheit an, dem Gefühl, etwas verändern zu wollen. Nur der

---

[7] Berndt, Christina: „Zufriedenheit", S. 84.

Frage gehen wenige wirklich auf den Grund, was es denn ist, was zu dieser Unzufriedenheit führt und was uns oftmals an der Veränderung hindert. Wenn ich in meinen Coachings an diesem Punkt bin, dann sagen einige meiner Klienten: „Mir war schon bewusst, dass ich dieser Frage auf den Grund gehen sollte. Ich hatte nur immer Angst davor, dass ich den Deckel öffne und ihn dann nicht mehr schließen kann!" Deshalb wird er entweder gar nicht erst geöffnet oder aber sehr schnell, zu schnell wieder geschlossen. Ein bisschen so wie bei der Büchse der Pandora, die nach der griechischen Mythologie von Pandora geöffnet wurde und alle der Menschheit bis dahin unbekannten Übel entweichen konnten.

Hintergrundinformation
Die griechische Mythologie besagt, dass Hephaistos, auf Zeus Weisung hin, Pandora als erste Frau aus Lehm geschaffen hat. Zeus gab Pandora eine Büchse, die an die Menschheit weitergegeben werden sollte, mit der Anweisung, diese niemals zu öffnen. Wer die Büchse dann doch öffnete, wird unterschiedlich zitiert. Jedenfalls entwichen aus ihr nach Öffnung das Laster und die Untugenden. Das Schlechte konnte die Welt erobern. Die Hoffnung aber, die die Büchse als positiven Inhalt hatte, konnte nicht entweichen, weil sie zu früh wieder geschlossen wurde.

Heute ist „das Öffnen der Büchse der Pandora" der Inbegriff für das Stiften von Unheil, das nicht wiedergutzumachen ist.

> **Viele warten erst ab, bis sie der Schlag trifft.**

Viele verändern erst etwas, wenn sie im wahrsten Sinne des Wortes der Schlag trifft. Der Schlag vor den Kopf, weil wieder einmal jemand anderes für den nächsten Karriereschritt an mir vorbeigezogen ist, und ich doch täglich 150 Prozent gegeben habe. Oder der Schlag vor den Kopf, weil meine privaten Beziehungen nicht mehr tragfähig sind und ich das erst sehr spät wahrgenommen habe. Oder der echte körperliche Schlag, der Schlaganfall oder der Herzschlag, der nicht mehr ganz im Takt ist.

Schläge kann es viele geben. Ist es nicht unsinnig, so lange zu warten, bis mich dieser Schlag ereilt, um für mich zu sorgen? Sich mit der Frage auseinanderzusetzen, was mir wirklich wichtig ist, was mein wirklicher Mehrwert ist, den ich stiften kann?

Ein privates Gespräch, das ich vor Kurzem geführt habe, hat mich in diesem Zusammenhang sehr berührt. Wir waren zu einer Silberhochzeit im Familienkreis eingeladen, immer wieder ein Anlass, Menschen wiederzutreffen, die man lange nicht gesehen hat. Ich freute mich besonders auf einen Gast, den ich zehn Jahre nicht gesehen hatte, einen Tierarzt, der immer schon als „kleiner Paradiesvogel" galt. Da stand er mir nun gegenüber, sah glücklich und zufrieden aus und sagte, dass er gerade in einer beruflichen Veränderung sei. Er habe erkannt, dass er seine wirklichen Stärken, die der Kommunikation und der Empathie, nicht ausreichend als Tierarzt einsetzen könne. „Bei den Tierbesitzern ist das zwar eine Möglichkeit, aber das hat mir nicht mehr ausgereicht!", so seine Erklärung. „Ich mache jetzt eine Ausbildung zum Krankenpfleger, da werden meine Stärken gebraucht. Viele in meinem Umfeld bestaunen zwar diesen Schritt, weil er als hierarchischer Rückschritt gesehen wird. Auch finanziell stehe ich mich schlechter! Das macht mir aber nichts, solange ich von den Patienten nach einem freien Wochenende froh empfangen werde." Eine demente Dame habe neulich zu ihm gesagt: „Jan, jetzt sind Sie ja wieder da! Jetzt kann mir nichts passieren!" Das sei aus seiner Sicht der größte Lohn.

Auch das kann das Ergebnis der Auseinandersetzung mit der eigenen Marke, dem eigenen Mehrwert, dem eigenen USP sein. Nicht im klassischen Sinne den nächsten Karriereschritt unterstützend, aber in jedem Fall Zufriedenheit stiftend. Zufriedenheit, die sich aus dem Wissen ergibt, dass die eigenen Stärken am rechten Platz eingesetzt werden und das gesehen und anerkannt wird.

Die Glücklichen kennen ihre Stärken und setzen diese bewusst ein.

4.5 Die Strategen

… nutzen ihre MARKE-Strategie und erarbeiten sich ihr eigenes Markenleitbild.

Als Beraterin habe ich viele unterschiedliche Unternehmen kennenlernen dürfen. Oftmals hatten diese ein Leitbild, auf das ich meine Workshops und Seminare dann ausgerichtet habe, um die Kernbotschaften auch hier zu berücksichtigen. Manchmal war ich selbst am Prozess der Leitbilderstellung beteiligt.

Es gibt Unternehmen, die dieses Bild wirklich in den Köpfen ihrer Mitarbeiter verankert haben. Dort leben die Manager diese Bild vor und verlangen auch von ihren Beratern, dass sie sich danach ausrichten. Ein wirklich gelungenes Beispiel hierfür ist für mich aktuell die Firma Jungheinrich. Die Gabelstaplerexperten erfahren im Moment einen enormen Wachstumsschub. Das Management weiß, dass der nächste Sprung zum Erreichen der hoch gesteckten Wachstumsziele nur zusammen mit den Mitarbeitern gelingen wird. Hier ist das Leitbild nicht nur ein Sammelsurium schön klingender Sätze, die per Hochglanzplakat an der Wand hängen bleiben, sondern durch die Einbindung in die gelebte Managementpraxis bleiben diese Gedanken, zumeist zumindest, auch in den Köpfen und in der Wahrnehmung der Mitarbeiter haften.

Genau das soll auch Ihr persönliches Markenleitbild leisten. Wie kann das gelingen?

Dazu haben Sie in den vorstehenden Kapiteln schon sehr viel Vorarbeit geleistet. Sie haben sich mit Ihren Stärken, Ihren Hinderern, Ihren Kompetenzen und Ihrem USP auseinandergesetzt. Jetzt gilt es, dies alles zusammenzufassen und Ihre Kernbotschaft herauszuarbeiten. Ziel ist es, diese innerlich so zu verankern, dass Sie Ihnen wirklich als Leitbild dienlich sein kann, damit dieses Markenleitbild Ihnen hilft, sich zu fokussieren, sich Zeit für die wirklich wichtigen Dinge zu nehmen und dies vor allem nicht mehr aus den Augen zu verlieren.

Zunächst geht es um ein stimmiges Gesamtbild. Es beinhaltet neben dem äußeren Erscheinungsbild, unserem authentischen Auftritt, unserer Mimik, Gestik, Stimme und Körpersprache auch unsere innere Klarheit und unsere Kompetenz, die wir zeigen. Das stimmige Gesamtbild ist es, das uns erfolgreich sein lässt, das Vertrauen gibt und uns zur Marke werden lässt.

Bereits in Kap. 3 haben Sie sich mit Ihrer Vision auseinandergesetzt (Abschn. 3.7), dabei ging es um die Fragen:

* Wofür steht mein ICH?
* Wer bin ich und wie ist das für die anderen erlebbar?
* Welche Geschichte habe ich zu erzählen?

Die Strategen, die ihre Marke gestaltet und ausgerichtet haben, verfügen über einen Fundus von Geschichten, die auf den Markenkern einzahlen. Dabei geht es um das, was sie erfolgreich gemacht hat, was sie als Mehrwert zu bieten haben, wofür sie stehen. Doch es reicht noch nicht aus, diese Geschichten erlebt zu haben. Wie können sie diese Geschichten so platzieren, dass diese auch Gehör finden und auf ihren Markenkern einzahlen?

Strategen sind Profis im Storytelling.

Menschen hören gern Geschichten. Unseren Kindern erzählen wir sie zum Einschlafen, und unseren Zuhörern bei Präsentationen erzählen wir sie, damit sie nicht einschlafen. Wenn wir es schaffen, diese Geschichten so zu formulieren, dass sie unsere Botschaften und Ideen transportieren und verankern, dann verfügen wir über ein wichtiges Marketing-Instrument für unsere Marke.

Ein Sprichwort besagt: „Die Feder ist mächtiger als das Schwert." Sprache kann die Menschen begeistern und unterhalten. „Storytelling"[8] hilft grundsätzlich, einem Produkt, einem Unternehmen oder einer Idee spannende und sinnstiftende Formen zu verleihen. Gut erzählte Geschichten wecken das Interesse des Zuhörers und vermitteln die Kernbotschaft leicht verständlich, und zwar so, dass sie erinnert werden kann. Auch das können wir selbstverständlich auf unsere persönliche Marke „ICH" übertragen. Welche Botschaft wollen Sie vermitteln und wie gelingt es Ihnen, diese mit Emotionen zu verbinden, sodass sie möglichst lange im Gedächtnis bleibt und Ihre Zuhörer sich mit der Geschichte identifizieren können? Identifikation ist dann möglich, wenn der Zuhörer für eigene Erlebnisse aus seinem Lebenslauf Anknüpfungspunkte findet.

Übersicht

Warum funktioniert Storytelling?
Wichtig ist, komplexe Zusammenhänge und Informationen in leicht verständlicher Form und Sprache zu vermitteln. Unser Gehirn erfasst diese Zusammenhänge mit möglichst geringem Aufwand in bekannten Mustern. Wir wachsen schon als Kindern mit der Erkenntnis auf, dass die Quintessenz am Ende der Geschichte kommt: die „Moral von der Geschichte". Und dieses Wissen geben wir durch Vorlesen an die nächste Generation weiter.

Wie entwickelt man eine gute Story?
Zunächst klären Sie für sich, wen Sie mit Ihrer Geschichte erreichen wollen. Und natürlich, was die Kernbotschaft Ihrer Geschichte ist. Und dann nehmen Sie Ihre Zuhörer mit dem Spannungsbogen mit. Sorgen Sie dafür, dass sich Ihre Zuhörer mit der Hauptperson identifizieren können. Vermutlich sind Sie die Hauptperson in Ihrer Geschichte, es geht ja um Ihre Marke „ICH". Wie also beschreiben Sie sich, dass die Zuhörer sich wiederfinden und mitfühlen können? Sie sollen Sie begleiten, während Sie ein Problem lösen oder eine Entwicklung vollziehen. Die Geschichte schließt mit einem Happy End und idealerweise mit einer Quintessenz.

Wichtig ist, die Geschichte nicht zu komplex und zu lang werden zu lassen. Schon mit dem Einstiegssatz sollten Sie Ihre Zuhörer packen. Sprachlich verwenden Sie wenig bis gar keine Fremdworte und nutzen möglichst bildhafte Sprache. Wenn Ihre Zuhörer beim Zuhören eigene Bilder entwickeln können, dann ist Ihre Geschichte wirklich gelungen. Unterstützend kann dafür ein Erzählstil in der Gegenwartsform sein.

Best-Practice-Beispiele finden Sie im Anhang dieses Kapitels unter weiterführenden Videos.

---

[8] https://hosting.1und1.de/digitalguide/online-marketing/verkaufen-im-internet/storytelling-geschichten-fuer-ihre-marketing-strategie/.

Übung 4.2.: Meine Erfolgsgeschichte

Welche Botschaft möchte ich vermitteln?

_____
_____
_____
_____
_____
_____

Wer ist meine Zielgruppe?

_____
_____
_____
_____
_____
_____

Wie lautet meine Quintessenz?

_____
_____
_____
_____
_____

Wie lautet mein Eingangssatz?

_____
_____
_____
_____
_____

Wie sorge ich für den Spannungsbogen?

_____
_____
_____
_____
_____

Wie bringe ich möglichst Emotionalität in die Geschichte?

_____
_____
_____
_____
_____

Wie sorge ich dafür, dass sich meine Zuhörer identifizieren können?

_____
_____
_____
_____
_____
_____

Und so lautet die Geschichte:

_____
_____
_____
_____
_____
_____
_____
_____
_____
_____
_____
_____
_____
_____
_____
_____
_____
_____

4.6   Unterschiedliche Persönlichkeitstypen

… kaufen unterschiedliche Marken.

Unterschiedliche Persönlichkeiten betrachten ihr Umfeld unterschiedlich und haben ganz verschiedene Stärken und Bedürfnisse. Es gibt unendlich viele Persönlichkeitsmodelle, die dieses Phänomen erklären, auf dem Markt. Dabei handelt es sich um Tools, die die Komplexität der Realität reduzieren. Sicherlich wir im wirklichen Leben noch vielschichtiger, als ein solches Modell uns zu erklären vermag. Trotzdem liefern uns Persönlichkeitsmodelle in meinen Augen wertvolle Ansatzpunkte, um sich mit sich selbst auseinanderzusetzen und Eigen- und Fremdbild abzugleichen. Ich erfahre auf einmal Dinge, die ich zwar schon oft gespürt habe, bisher aber noch nicht benennen konnte, so z.B. meine eigenen Bedürfnisse zur Beziehungsgestaltung. Wie möchte ich, dass mit mir gesprochen wird, und wie spreche ich mit anderen?

Beim Thema Selbstmarketing geht es strenggenommen um Verkaufsarbeit. Verkaufen ist im Kern Beziehungsarbeit. Wenn Sie eine tragfähige Beziehung zu Ihren Kunden aufbauen, ob online oder offline im persönlichen Kontakt, dann sind Sie im Verkaufsgeschäft erfolgreich. Wenn Sie Selbstmarketing betreiben und Ihr Marken-ICH besser positionieren wollen, dann ist auch das Verkaufsarbeit. Nicht wie ein Marktschreier, der vieles laut und zu einem möglichst niedrigen Preis wahllos der Menge anbietet. Sondern es gilt, die Auswahl „fein, aber mein" wohldosiert den richtigen Adressaten zu präsentieren. Das ist auch leise mit viel Mehrwert möglich. Wie wir dabei vorgehen, hängt von unserer Persönlichkeit, unseren Bedürfnissen und Werten ab. Das wird schon bei der Gestaltung unserer Marke „ICH" und unseres Markenleitbilds deutlich. Ich merke das immer wieder in meinen offenen Seminaren, die ich zu diesem Thema veranstalte. Der eine Teilnehmer möchte am liebsten viel Analysearbeit im stillen Kämmerlein betreiben, bevor er gut durchdachte Strategien und Leitsätze aufs Papier bringt. Ein anderer schreibt gleich los – nicht viel steht dort auf seinem Papier, aber in Gedanken ist er schon mit der Umsetzung in die Praxis beschäftigt. Und ein Dritter ist zunächst einmal an der Einschätzung von anderen und seiner Wirkung im Außen interessiert. Sagen Sie von sich „Ich bin ordentlich und brauche Struktur", dann haben Sie sicherlich gerade die Übungen zur Entwicklung des USP und des Markenleitbildes auch entsprechend sorgfältig ausgeführt. Oder Sie sind eher praxisorientiert, und es heißt bei Ihnen „Probieren geht über Studieren!". Dann nehmen Sie die Impulse an, verschriftlichen die Ergebnisse eher ungern, sondern setzen sie direkt in die Praxis um.

Verkaufsarbeit ist Beziehungsarbeit.

Um dieses Wissen für die erfolgreiche Kommunikation und damit auch für die Beziehungsarbeit nutzbar zu machen, arbeite ich sehr gern mit dem 4MAT-Modell. Dieses Persönlichkeitsmodell ist nicht wissenschaftlich fundiert, aber praxistauglich. Es erklärt, welche unterschiedlichen Werte und Bedürfnisse Menschen haben und wie sich das in den einzelnen Themenfeldern auswirkt. Bezogen auf das Thema „Karrieregestaltung" habe ich das Modell weiterentwickelt und es FAKT[9] genannt.

Hintergrundinformation

C.G. Jung, ein Schüler von Freud, unterschied Persönlichkeitstypen nach der Ausrichtung auf die Außenwelt und auf objektive Erkenntnisse (Extrovertierte) und der Ausrichtung nach innen und eher auf subjektive Erkenntnisse (Introvertierte). Dazu betrachtete er die jeweilige Ausprägung im Denken, Fühlen, in der Intuition und im Empfinden. Die Forschungen C.G. Jungs bilden die Grundlage für ganz unterschiedliche Persönlichkeitsmodelle, die es mittlerweile am Markt gibt. Eine Weiterentwicklung bieten die Erkenntnisse von David Kolb und Bernice McCarthy. Sie erforschten, dass Menschen unterschiedlich lernen und Informationen unterschiedlich aufnehmen. Kolb hielt seine Erkenntnisse in dem nach ihm benannten Lernzirkel fest. Dieses Wissen entwickelte Bernice McCarthy[10] weiter. Sie stellte die These auf, dass die Menschen unterschiedliche Prioritäten bei der Beantwortung der Fragen „Warum?", „Was?", „Wie?" und „Wozu?" haben. Aus diesen Präferenzen hat sie vier Kommunikationstypen abgeleitet:

Die adressatengerechte Kommunikation besagt, dass wir je nach Persönlichkeitstyp unbewusst mit unterschiedlichen Fragestellungen unterwegs sind. Wenn diese Fragen für uns beantwortet sind, dann schenken wir unserem Gesprächspartner mehr Gehör. Dann lassen wir uns eher überzeugen. Wir alle haben von allen Typologien Anteile. Doch wenn wir wählen dürften, dann würden wir gern gerade diese eine, für uns vorrangige Frage beantwortet haben. Entweder die Frage nach dem Warum, dem Was, dem Wie oder dem Wozu. Je nach Präferenz lassen sich auch unterschiedliche Verhaltensmuster und **Kommunikationsstile** ableiten:

WARUM-Typ: Etwa 35 Prozent der Zuhörer wollen vor allem wissen, WARUM man sich mit dem folgenden Thema beschäftigt.

WAS-Typ: Etwa 20 Prozent wollen Zahlen, Daten, Fakten und das Thema detailliert erklärt bekommen.

WIE-Typ: Etwa 20 Prozent wollen wissen, WIE es geht, und es möglichst gleich ausprobieren.

WOZU-Typ: Etwa 25 Prozent wollen wissen, WOZU sie das Erlernte auch mittelfristig in der Praxis anwenden können und WOZU sie das Wissen noch nutzen können.

---

[9] FAKT steht für **4MAT-K**arriere-**T**ool

[10] Quelle: McCarthy, Bernice und Dennis (2005): Teaching Around the 4 MAT Cycle: Designing Instruction for Diverse Learners with Diverse Learning Styles, Corwin Publishing House.

Menschen haben unterschiedliche Bedürfnisse bei der Karrieregestaltung und Markenbildung.

Was heißt das für die einzelnen Typologien?[11]

Der „Warum-Mensch" ist auf den ersten Blick eher introvertiert. Er möchte den Sinn und den Gesamtzusammenhang verstehen. Er betrachtet gern die Entwicklung in der Vergangenheit, weil sich für ihn dadurch erschließt, warum wir jetzt dort stehen, wo wir stehen. Er führt gern einen inneren Dialog und wägt gut ab, bevor er sich äußert. Wenn er sich dann äußert, kann der Gesprächspartner sicher sein, dass der „Warum-Mensch" seine Themen gut durchdacht hat und auf seiner Meinung beharren wird. Der „Warum-Mensch" scheut sich nicht, kritische Fragen zu stellen. Er äußert schnell eigene Bedenken oder formuliert Bedenken, die andere haben könnten, bevor diese überhaupt daran gedacht haben. Er will innerlich wirklich überzeugt sein, bevor er aktiv wird. Dabei traut er es sich durchaus zu, auch einmal gegen den Strom zu schwimmen und unbequem zu sein. Entscheidungen trifft er erst nach reiflicher Überlegung. Doch wenn er sich einmal entschieden hat, dann bleibt er dabei, ist sehr loyal und verlässlich, auch wenn ihm der Wind ins Gesicht bläst.

Übersicht

Für die Karrieregestaltung und Markenbildung heißt das für den „Warum-Menschen" konkret:

- Selbstständigkeit und Unabhängigkeit sind zentrale Bedürfnisse
- Abgrenzung ist eine Stärke, „Nein" sagen kein Übungsfeld!
- Freiheit ist wichtiger als berufliche Entwicklung und hierarchischer Aufstieg
- Weiterentwicklung steht für gesteigerte Selbstständigkeit
- Die Werte Freiheit, Unabhängigkeit und Nachhaltigkeit sind in der Markenbasis enthalten

In einem Umfeld, in dem die eingebrachten Erfahrungen und das gesellschaftliche Engagement anerkannt werden, kann sich der „Warum-Mensch" entfalten.

Der „Was-Mensch" ist an Zahlen, Daten und Fakten interessiert. Er liest sich genau in die Themen ein, bevor er Auskunft gibt, und kennt auch die zweite

---

[11] Einen vertieften Einblick in das Modell und seine Anwendung in der Kommunikation finden Sie in meinem Buch „Wie Frauen erfolgreich in Führung gehen. Und wie es Unternehmen gelingt, weibliche Führungskräfte zu fördern", Wiesbaden 2016, S. 77 ff.

Stelle hinter dem Komma. Auf den ersten Blick ist auch er eher zurückhaltend und wenig emotional. Emotionale Ausbrüche sind ihm ein Gräuel und er bewertet sie als unprofessionell. Ihm ist eine gute und ausführliche Recherche wichtig. Fundierte und umfangreiche Erläuterungen sind für ihn ein Zeichen von Kompetenz. Seine Herangehensweise an Aufgaben ist sehr strukturiert und das erwartet er auch von seinen Kollegen und Gesprächspartnern. Er nimmt sich gern Zeit für seine Aufgaben und fühlt sich unter Druck eher unsicher. Überhaupt ist Sicherheit ein wichtiger Wert für ihn. Bevor er Unterlagen fertigstellt, kontrolliert er sie selbstverständlich nicht nur einmal. Dadurch stellt er sicher, dass ihm keine Fehler unterlaufen. Sein Perfektionsanspruch ist hoch.

> **Übersicht**
>
> Für die Karrieregestaltung und Markenbildung heißt das für den „Was-Menschen" konkret:
>
> - Hohe fachliche Qualifizierung und fachliche Spezialisierung sind zentrale Bedürfnisse
> - Anerkennung über Kompetenz ist genauso wichtig wie finanzielle Sicherheit
> - Veränderungen sind eher bedrohlich, Kontinuität und Loyalität vermutlich Teile des Markenkerns
> - Weiterentwicklung bedeutet für ihn, vertieftes Wissen in einem konkreten Fachgebiet zu erwerben
> - Die Werte Kompetenz, Spezialisierung und Sicherheit sind in der Markenbasis enthalten
>
> **In einem Umfeld, in dem analytische Fähigkeiten und vertieftes Fachwissen gefragt sind, kann sich der „Was-Mensch" entfalten.**

Der „Wie-Mensch" ist schnell im Handeln und legt schon einmal los, während die anderen noch diskutieren. Dabei kann es natürlich passieren, dass er Dinge noch einmal machen muss, weil sie unvollständig oder übereilt durchgeführt worden sind. Das sieht der „Wie-Mensch" ganz pragmatisch, denn einer seiner Leitsätze ist „Wo gehobelt wird, fallen Späne". Auch muss er feststellen, dass seine Einschätzung „Die Entscheidung ist getroffen" so nicht stimmt. Er versäumt es oft, wirklich alle ins Boot zu holen, bevor er loslegt. Hauptsache, er kann aktiv sein und handeln. Wenn es dann doch voreilig oder nicht passend sein sollte, wird es passend gemacht. Fehler sind dazu da, um daraus zu lernen. Der „Wie-Mensch" ist eher extrovertiert, teilt sich gern mit und wirkt bei langen detaillierten Erklärungen ungeduldig. „Wie-Menschen" sind sehr zielstrebige Menschen mit viel Energie. Ihnen erschließt sich die Welt durch das eigentliche Tun, das Ausprobieren und Machen und damit über den kinästhetischen Kanal.

Übersicht

Für die Karrieregestaltung und Markenbildung heißt das für den „Wie-Menschen" konkret:

- Chancen zu ergreifen, lösungsorientiert zu arbeiten und pragmatisch zu handeln, sind zentrale Bedürfnisse
- Verantwortung zu übernehmen und umsetzen zu können, ist wichtiger als die eigene Absicherung
- Regeln und Vorschriften nicht als gegeben hinzunehmen, Herausforderungen anzunehmen und eine hohe Leistungsorientierung sind Teile des Markenkerns
- Weiterentwicklung bedeutet stärkere Einflussnahme
- Die Werte Leistungserbringung und Zielerreichung sind in der Markenbasis enthalten

In einem Umfeld, das generalistische Fähigkeiten verlangt und in dem eine hohe Identifikation möglich ist, läuft der „Wie-Mensch" zur Höchstleistung auf.

Der **„Wozu-Mensch"** ist zukunftsorientiert. Ihn interessiert als Erstes die Frage, inwieweit das von ihm betrachtete Thema langfristig von Nutzen sein wird. Er ist selbst begeisterungsfähig und begeistert seine Zuhörer gleichermaßen. Er denkt in Bildern, bringt dies sprachlich zum Ausdruck und nutzt somit verstärkt den visuellen Kanal. Der „Wozu-Mensch" sucht die Bühne, um seine Ideen mitzuteilen, und freut sich über positive Rückmeldungen. Konkrete Umsetzungsthemen sind allerdings nicht ganz seine Stärke. Das scheint er intuitiv zu wissen, denn diese delegiert er gern und oft. Ihm begegnet man am besten, indem man zunächst seine Begeisterung teilt, bevor man kritische Ergänzungen oder Fragen anbringt, denn Wertschätzung ist für ihn ganz besonders wichtig. Um etwas Neues zu entdecken und voranzubringen, scheut er er nicht, Risiken bewusst einzugehen.

Übersicht

Für die Karrieregestaltung und Markenbildung heißt das für den „Wozu-Menschen" konkret:

- Etwas Eigenes, Neues zu schaffen und möglichst auf eigenen Beinen zu stehen, sind zentrale Bedürfnisse
- Status und Titel sind sexy und wirken motivierend
- Kreativität, Mut und die Fähigkeit, Visionen zu entwickeln, sind Teile des Markenkerns
- Weiterentwicklung bedeutet die Übernahme von Schlüsselaufgaben, die es ermöglichen, Neuerungen implementieren zu lassen
- Die Werte etwas Neues entwickeln und Kreativität sind in der Markenbasis enthalten

In einem Umfeld, in dem Querdenken, Experimentierfreude und Kreativität gefordert sind, ist der „Wozu-Mensch" erfolgreich.

In welchem Persönlichkeitstyp haben Sie sich am ehesten wiedergefunden? Es ist nicht nötig, dass Sie sich einer Typologie klar zuordnen können, sondern nehmen Sie sich das heraus, was Sie anspricht, um Ihr Markenleitbild zu gestalten.

Weiterführende Impulse und Fragestellungen finden Sie in meinem Podcast „Karrieretipps to go" zum Thema „Karrieren gestalten". Scannen Sie dazu den nachfolgenden QR-Code, und Sie erhalten direkten Zugang zum Video. Die dazu gehörige Karrierekarte gibt es für Sie außerdem zum Download auf www.mahlstedt-tcc.de

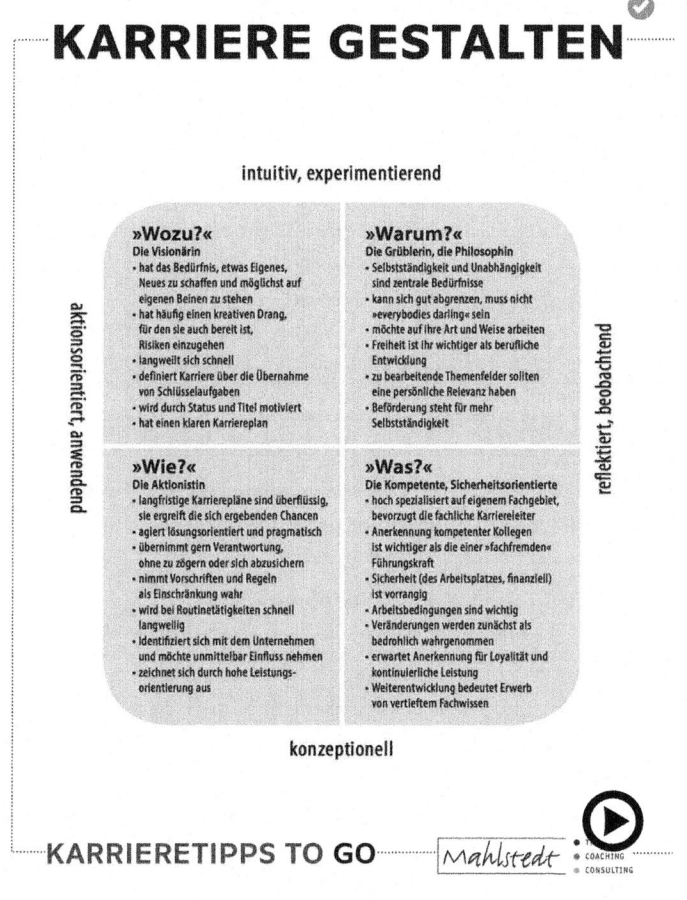

▶ https://www.youtube.com/watch?v=YYrQslztr94&feature=youtu.be

Um die einzelnen Typologien noch stärker zu verankern, mache ich in meinen Seminaren eine kleine spielerische Übung zum Marken- und Entscheidungsverhalten mit meinen Teilnehmern. Ich bitte die Teilnehmer, sich dem Persönlichkeitstypus zuzuordnen, bei dem sie am meisten wiedererkannt hatten. Und dann geht es darum, die Frage zu diskutieren, für welche Automarke sie sich entscheiden würden und wie sie dieses Auto kaufen.

Und jetzt sind Sie dran. Wie würden Sie entscheiden?

Übung 4.3.: Mein Marken- und Kaufverhalten

Der „Warum-Mensch" wird sich für folgende Automarke entscheiden:
_____

Seine Kaufentscheidung sieht folgendermaßen aus:
_____
_____
_____
_____
_____

Der „Was-Mensch" wird sich für folgende Automarke entscheiden:
_____

Seine Kaufentscheidung sieht folgendermaßen aus:
_____
_____
_____
_____
_____

Der „Wie-Mensch" wird sich für folgende Automarke entscheiden:
_____

Seine Kaufentscheidung sieht folgendermaßen aus:
_____
_____
_____
_____
_____

Der „Wozu-Mensch" wird sich für folgende Automarke entscheiden:
_____

Seine Kaufentscheidung sieht folgendermaßen aus:
_____
_____
_____
_____
_____

Ich habe mich für folgende Automarke entschieden:

_____

Meine Kaufentscheidung sieht folgendermaßen aus:

_____

_____

_____

_____

_____

Nachfolgend Antworten, die meine Teilnehmer in den Seminaren gegeben haben:

Die Teilnehmer, die bei sich am meisten „Warum"-Anteile vermutet haben, entschieden sich nach langer Analysephase für einen Skoda. Sie diskutierten lange, und die Entscheidung fiel ihnen schwer. Zunächst musste die Frage geklärt werden, ob überhaupt ein Auto gebraucht würde oder ob man sich auch für öffentliche Verkehrsmittel entscheiden dürfe. Dann wurde viel Recherche betrieben. Gern schriftlich, mit Hilfe einer Matrix, in der die wichtigsten Faktoren für den Autokauf mit einem Punktemodell klassifiziert wurden. Sagten Vertreter anderer Typologien später, dass sie die Marke überhaupt nicht sexy fänden, hat das die „Warum-Menschen" eher noch in ihrer Kaufentscheidung bestärkt. Ein Auto in VW-Qualität zu 80 Prozent des Preises zu bekommen, ist schließlich ein unschlagbares Argument für sie.

Die Teilnehmer, die sich als Vertreter der „Was"-Typen sahen, waren ähnlich detailliert in ihrer Entscheidungsfindung. Hier stand allerdings nicht die Frage im Raum, ob überhaupt ein Auto gekauft werden solle. Die Aufgabenstellung wurde hingenommen, die Qualität der Recherche ist allerdings für die „Was-Menschen" ein Erfolgskriterium, das Sicherheit verspricht. Einhellig bekannten sie sich dazu, dass sie sich auch in ihren privaten Kaufentscheidungen gern auf die Bewertungen von „Stiftung Warentest" verlassen. In diesem Fall wurden dann gern auch einschlägige Berichte aus der Auto-/Motorpresse zu Rate gezogen. Sie informierten sich gründlich vor einer solchen Investition und ließen sich nach eigener Einschätzung weniger von Emotionen steuern. Ein VW oder ein Audi, der eine ausgereifte Technologie hat, stehen ganz oben auf ihrer Bewertungsskala. Schlagendes Argument ist die deutsche Marke, die Sicherheit verspricht und einen hohen Wiederverkaufswert hat.

Die Vertreter der „Wie"-Typologie waren sich schnell einig. Sportlich sollte das Auto sein und ein sportliches Image haben. Technologische Werte und ein detaillierter Vergleich der Testberichte waren weniger von Interesse. Emotional musste sie das Auto ansprechen, dann war die Entscheidung schnell getätigt.

Hier war der allgemeine Favorit ein BMW-Sportwagen. Wurden sie in der anschließenden Diskussion zu Abgaswerten und Kraftstoffverbrauch gefragt, dann mussten die meisten passen, da sie sich darüber oft gar nicht informiert hatten.

Das Herz der „Wozu"-Vertreter schlug für einen Tesla. Gern das neueste Modell des Elektroautos, da hier die Reichweite, die nach dem Aufladen geleistet werden kann, schon sensationell hoch ist. Hybrid ist in ihren Augen die Technik von morgen. Wenn die Diesel-Besitzer in Zukunft in der Innenstadt ihr Gefährt stehen lassen müssen, dann werden sie die Helden der Schnellstraße sein. Wenn sie dann noch auf ein wertiges Image mit einem ansprechenden Design zurückgreifen können, dann schlagen sie alle Gegenargumente in den Wind, etwa., dass der Preis eines Tesla ja noch exorbitant hoch sei. „Wozu-Menschen" sind bereit, diesen Preis zu zahlen, schließlich fahren sie dann ein Auto der Zukunft, das kaum ein anderer fährt: der erste Hybrid-SUV mit hoher Reichweite.

Der „richtige" Einsatz der Persönlichkeit entscheidet über den Erfolg. Dieses Wissen haben sich viele Unternehmen zunutze gemacht. Sie prüfen in ihren Auswahlverfahren nicht nur fachliche Kompetenzen des Bewerbers, sondern schauen glücklicherweise auch auf die persönlichen Kompetenzen. Fachliche Kompetenzen kann ich schneller aufrüsten als persönliche Kompetenzen, die am Ende des Tages über Erfolg oder Scheitern entscheiden. So wird ein strategischer Controller ein anderes persönliches Kompetenzset mitbringen müssen als ein Verkäufer, um erfolgreich zu sein. Welche Aufgabe wird von welcher Persönlichkeit am besten bewältigt werden können? Vielfach wird mit dem Bewerber schon im Vorfeld ein Persönlichkeitstest gemacht. Es handelt sich meist um eine Selbsteinschätzung, die dann auf Passung überprüft wird. Sehr humorig hat das ein Beratungsunternehmen eingesetzt, das auf der Suche nach einem „Was-Menschen"[12] war. Es sollte eine Position besetzt werden, die Genauigkeit und Liebe zum Detail erforderte. So wie ich eher plakativ mit Automarken gearbeitet habe, so wurden hier Tiernamen zugeordnet. In der Stellenausschreibung hieß es dann nur noch, dass sie eine „Eule" suchten. Es gingen zahlreiche, sehr unkonventionelle Bewerbungen z.T. per Videobotschaft ein, in denen die Bewerber erklärten, warum sie sich die gesuchten „Eulen-Eigenschaften" zuschrieben. Die Kandidatensuche wurde erfolgreich abgeschlossen, wie es hieß.

---

[12] Dieses Beratungsunternehmen nutzt nicht das 4MAT, sondern eine an das Insights-Modell angelehnte Typologie, die die gefragten Qualitäten mit Tiernamen beschreibt. Ein weiterführendes Video dazu finden Sie im Anhang: Tobias Beck erklärt sein Modell bei „Gedanken tanken".

Selbstverständlich birgt diese Art der Herangehensweise die Gefahr, das Schubladendenken zu fördern. Keiner von uns hat ausschließlich Persönlichkeitsmerkmale einer Typologie und keiner sollte einen anderen ausschließlich nach solch einem reduzierten Cluster beurteilen. Um sich jedoch mit seinen Vorlieben, Stärken, Qualitäten auseinanderzusetzen, hilft diese Herangehensweise meiner Erfahrung nach insbesondere Menschen, die sich bisher noch nicht mit dem Thema Persönlichkeitsmerkmale intensiv beschäftigt haben.

Weiterführende Impulse und Fragestellungen finden Sie in meinem Podcast „Karrieretipps to go" zum Thema „Überzeugen mit Persönlichkeit". Scannen Sie dazu den nachfolgenden QR-Code, und Sie erhalten direkten Zugang zum Video. Die dazu gehörige Karrierekarte gibt es für Sie außerdem zum Download auf www.mahlstedt-tcc.de

▶ https://www.youtube.com/watch?v=fE4PrCKr7C0&feature=youtu.be

Unterschiedliche Persönlichkeiten kaufen unterschiedliche Marken.

Wenn wir uns jetzt einmal von Automarken oder Tiernamen lösen und allgemein auf die Markenwelt schauen, welche Marken würden Sie mit welcher

Persönlichkeitsstruktur verbinden? Sie kommen bei dieser Übung nicht umhin, sich mit dem Alleinstellungsmerkmal der jeweiligen Marke auseinanderzusetzen. Ziel der Übung ist es, ein Gefühl für den Zusammenhang von Werten, Qualitäten und dem Alleinstellungsmerkmal der Marke zu entwickeln – eine gute Vorbereitung für Ihr persönliches Markenleitbild.

Übung 4.4.: Marken und Persönlichkeit

Bitte schauen Sie sich in dem Raum um, in dem Sie sich gerade befinden. Welche Marken springen Ihnen ins Auge? Vielleicht haben Sie auch Lust, einmal „Window Shopping" zu machen. Welche Marken fallen Ihnen auf?

Bitte listen Sie alle auf und leiten das von Ihnen dahinter vermutete Alleinstellungsmerkmal ab. Welche Werte bedient das jeweilige Alleinstellungsmerkmal und für welche Qualität steht es konkret? Wie setzt sich das jeweilige Produkt vom Wettbewerb ab?

Marken und ihr USP		
Produkt	Marke	Alleinstellungsmerkmal
[Zusammenhang von Werten, Qualitäten und Alleinstellungsmerkmalen]		

Zusammenfassung Kap. 4:

Unterschiedliche Persönlichkeiten betrachten das Thema Selbstmarketing aus ganz verschiedenen Perspektiven. Die Thesen reichen von „Menschen sind keine Ware" bis hin zu „durch Schnelllebigkeit und Globalisierung kommen wir nicht umhin, unsere Positionierung und Weiterentwicklung in den Mittelpunkt zu rücken". In diesem Kapitel erhalten Sie die Gelegenheit, sich mit den unterschiedlichen Blickwinkeln auseinanderzusetzen und Ihre persönlichen Thesen zu überprüfen:

* Die Kritiker betreiben Cocooning
* Die Markenaffinen gehen nicht in der Masse unter
* Die Zufriedenen sind in Balance und trotzdem neugierig
* Die Glücklichen bewegen sich
* Die Strategen sind Profis im Erzählen von Geschichten

Generell kaufen unterschiedliche Persönlichkeitstypen unterschiedliche Marken und gestalten ihre Selbstpositionierung unterschiedlich.

Anhand des 4MAT-Persönlichkeitsmodells erfahren Sie, welche Rahmenbedingungen unterschiedliche Persönlichkeiten brauchen, um die eigene Marke zu entwickeln und zu positionieren.

Weiterführende Literatur Kap. 4

Berndt, Christina (München 2016): Zufriedenheit: Wie man sie erreicht und warum sie lohnender ist als das flüchtige Glück, dtv premiuD
Franckh, Pierre (Darmstadt 2015): Einfach glücklich sein!: 7 Schlüssel zur Leichtigkeit des Seins, Goldmann Verlag

Weiterführende Videos Kap. 4

Mahlstedt, Anja: „Karrieren" in Karrieretipps to go https://youtu.be/YYrQslztr94
Mahlstedt, Anja: „Überzeugen" in Karrieretipps to go https://youtu.be/fE4PrCKr7C0

5

Wie Sie Haltung zeigen!

Markenvision

5.1 Sie sind mir ja `ne Marke mit Vision!

Die Vision sagt aus, wofür Sie langfristig stehen, was Sie wirklich langfristig ausmacht, was Sie bewirken wollen und wie Ihnen das gelingt.

Kann man auch in diesen Punkten von der Markenartikelindustrie lernen? Ich denke, man kann sich auch dort „Haltung" abschauen. Bei der Recherche zu

© Springer Fachmedien Wiesbaden GmbH, ein Teil von Springer Nature 2018
A. Mahlstedt, *Ihr Weg zur Marke „ICH"*,
https://doi.org/10.1007/978-3-658-21702-0_5

diesem Buch bin ich auf ein Video der Firma Hornbach gestoßen. In diesem Video bringt das Unternehmen gleich zwei Kernaussagen für den Zuschauer und möglichen Käufer bildhaft auf den Punkt. Seine Produkte, stellvertretend der gezeigte Hammer, sind qualitativ hochwertig und unverwüstlich. Und durch die Geschichte, die sehr eingängig zeigt, wie der Hammer aus einem Panzer gefertigt wird, wird die Antikriegshaltung des Unternehmens deutlich. Die Unverwüstlichkeit ist der USP, der Hammer in limitierter Ausfertigung die Marke, um die es konkret geht, und die Antikriegsbotschaft ist die Vision, um die es langfristig geht.

Auch Marken, die mit dem „Fairtrade"-Siegel werben, bedienen sich dieser langfristigen Botschaft. Es geht nicht nur um die Marke, sondern auch um die Haltung, mit der dieses Produkt produziert wird.

Dieses Siegel ist auf vielen Konsumgütern wie Kaffee, Schokolade oder Blumen zu sehen. Kleinbauern erhalten einen garantiert kostendeckenden Preis, auch wenn der Weltmarktpreis schwankt. Das sorgt für langfristige und eben auch faire Handelsbeziehungen, die die Existenz der Produzenten zu sichern helfen.

Hintergrundinformation

Um das Fairtrade-Siegel nutzen zu können, müssen die Produzenten folgende Kriterien erfüllen:

* Soziale Kriterien: Die produzierenden Unternehmen müssen auf geregelte Arbeitsbedingungen achten und auf Kinderarbeit und Diskriminierung gänzlich verzichten.
* Ökologische Kriterien: Ein umweltschonender Anbau und der gleichzeitige Schutz natürlicher Ressourcen stehen beim Produktionsprozess im Vordergrund. Pestizide und der Einsatz von Gentechnik sind damit verboten.
* Ökonomische Kriterien: Durch die Bezahlung von Mindestpreisen und durch die Vorfinanzierung von Projekten werden langfristige und transparente Handelsbeziehungen aufgebaut.

Dies sind nur zwei Beispiele von vielen. Ich möchte Sie einladen, auch dieses Thema jetzt auf Ihre Marke „ICH" und Ihre eigene Vision zu übertragen. Welche Fragen ergeben sich daraus?

Ein zentrales Thema ist sicher, wie Sie sich im Umgang mit Ihren Kollegen, Teammitgliedern und vielleicht auch Mitarbeitern verhalten wollen. Wie steht es mit Leistungen, die im Team erbracht wurden, die Sie Ihrer Marke „ICH" zuschreiben wollen, an der andere jedoch auch beteiligt waren? Wie verhalten Sie sich? Schaffen Sie für diese Mitstreiter ebenfalls eine Bühne?

Und wie sieht es aus der Führungsperspektive aus? Was möchten Sie, dass Ihre Mitarbeiter über Sie erzählen? Eine kleine physiotherapeutische Praxis aus unserer Nachbarschaft macht das mit Bravour vor. Diese Praxis bietet nicht nur klassische Physiotherapie, sondern auch Rückenschule und Osteopathie an. Der ganzheitliche Ansatz ist der dortige USP. Als Patient muss ich nicht noch einmal die Praxis wechseln, um eine weitere Leistung zu beziehen. Dort arbeitet ein kleines Team, und alle Hände werden gebraucht. Das Grundgehalt von Menschen, die in dieser Art von dienstleistenden Berufen arbeiten, ist nicht so besonders hoch, daher übernimmt der Inhaber noch die Kosten für Kinderbetreuung und Weiterbildung. Eine der Mitarbeiterinnen, eine alleinerziehende Mutter mit kleinem Kind, ist nun leider für längere Zeit krank. Aus unternehmerischer Sicht ist das für den Inhaber eine ziemliche Katastrophe. Rechtlich gesehen könnte er sofort alle Zuschüsse streichen, da die Mitarbeiterin bereits in der Lohnfortzahlung ist. Das kommt für ihn nicht in Frage. Seine Haltung ist auch hier ganzheitlich. Er zahlt die Kinderbetreuung so lange, bis die Mitarbeiterin wiederkommt, zum einen als ein Zeichen, dass er an die Genesung glaubt und er sie bald wieder im Team begrüßen kann. Zum anderen wird er sich einer dauerhaft loyalen Mitarbeiterin sicher sein können – für beide Seiten eine Win-Win-Situation.

Sind Sie sich Ihrer Haltung bewusst?

Übung 5.1.: Meine Haltung

Welche Haltung hilft Ihnen, Ihre Vision zu erreichen?

_____

_____

_____

_____

_____

Wo wird diese Haltung besonders deutlich?

_____

_____

_____

_____

_____

_____

Wann kann es für Sie herausfordernd werden, diese Haltung einzunehmen?

_____

_____

_____

_____

Was werden Ihre Kollegen, Mitarbeiter oder Teamkollegen über diese Haltung sagen? Wie werden sie sie erleben?

_____

_____

_____

_____

Eine andere Perspektive auf das Thema „Haltung" ermöglichen die Begriffe „Empowerment" und „Commitment". Diese beiden Begriffe machen aus meiner Sicht einen großen Unterschied auf dem Weg zur Erreichung der Vision.

Wenn ich eine Haltung einnehme, die Empowerment[1] im Fokus hat, dann habe ich vor allen Dingen die Kompetenz an Bord, um meiner Vision näherzukommen. Ich habe die Kraft, handele verantwortlich und nutze einen möglichst hohen Freiheitsgrad bei meinen Handlungen. Empowerment beinhaltet die „Selbstbefähigung" und die „Stärkung von Autonomie und Eigenmacht". Kurz gesagt geht es um die Selbstbestimmung und die gestalterische Kraft. Wer diese Haltung hat, der kann sich von Anforderungen, die andere an ihn stellen, abgrenzen, sollten diese seiner Markenausrichtung zuwiderlaufen.

_____

[1] Quelle: www.empowerment.de: Der Begriff kommt ursprünglich aus dem Bereich der Bürgerrechtsbewegung und der gemeindebezogenen sozialen Arbeit der USA.

Übung 5.2.: „Empowerment"

Je mehr der nachfolgenden Fragen Sie mit „Ja" beantworten, desto stärker spielt Empowerment in Ihrer Grundhaltung eine wichtige Rolle:

- Habe ich die Fähigkeit, aus der bunten Vielzahl der angebotenen beruflichen Optionen auszuwählen und eigenverantwortliche Entscheidungen für die eigene Person zu treffen?
  ja/nein
- Habe ich die Fähigkeit, die eigenen Bedürfnisse, Interessen und Wünsche ernst zu nehmen und aktiv für sie einzutreten?
  ja/nein
- Habe ich mich schon häufiger als selbstwirksam und gestalterisch erfolgreich erlebt?
  ja/nein
- Bringe ich die Bereitschaft mit, mich belastenden beruflichen Herausforderungen aktiv zu stellen?
  ja/nein
- Bin ich bereit, lähmende Routinen und Handlungsroutinen abzulegen?
  ja/nein
- Bin ich bereit, mir aktiv Unterstützung zu holen und hilfreiche Ressourcen für meine Weiterentwicklung zu nutzen?
  ja/nein

Commitment ist die Selbstverpflichtung, die ich eingehe, um mein Ziel zu erreichen. Es geht um mein inneres Engagement, mit wie viel Herzblut ich mich meiner Vision nähere. Wenn ich vollumfänglich mein Ziel bejahe, dann stelle ich es nicht bei jeder kleinen Hürde wieder in Frage, sondern dann formuliere ich die Frage: „Wie wäre es stattdessen möglich?" Zu dieser Haltung gehören die Tugenden Zuverlässigkeit, Verantwortlichkeit und Ehrlichkeit.

Wie viel von dieser Eigenschaft zeigen Sie anderen Menschen gegenüber, und wie viel davon legen Sie sich selbst gegenüber an den Tag?

Sind Sie jemand, der auf eine Bitte sagt: „Ja, mal sehen, ob ich das für Sie hinbekomme." oder: „Ja, das ist bis morgen 12 Uhr erledigt, darauf können Sie sich verlassen!"? Können sich Ihre Mitarbeiter und Kollegen darauf verlassen, dass Sie Ihre Zusagen wirklich einhalten? Wissen diese, woran sie mit Ihnen sind? Denn vielfach ist die Äußerung „Ja, mal sehen" eher die bequeme Variante des „Nein".

Und wie verhalten Sie sich selbst gegenüber? Gehen Sie für die Dinge, die Ihnen wirklich wichtig sind, eine echte Selbstverpflichtung ein?

Übung 5.3.: „Commitment"

Je mehr der nachfolgenden Fragen Sie mit „Ja" beantworten, desto stärker spielt Commitment in Ihrer Grundhaltung eine wichtige Rolle:

- Reagiere ich auf Anfragen meiner Kollegen und/oder Mitarbeiter verbindlich?
  ja/nein
- Sage ich klar und deutlich, wenn ich für eine Aufgabe nicht zur Verfügung stehe?
  ja/nein
- Verfolge ich die Ziele, die ich mir gesteckt habe, auch wenn Hürden auftreten?
  ja/nein
- Habe ich positive Erfahrungen beim Überwinden von Hindernissen gemacht?
  ja/nein
- Trete ich für meine Ideen und Belange aktiv ein?
  ja/nein
- Halten andere mich für „selbstverpflichtet"?
  ja/nein

5.2 Gelassenheit kommt von lassen!

Auch „Gelassenheit" ist eine Haltung. In meinen Augen ist das kein Widerspruch zu den gerade beschriebenen Kompetenzen oder Tugenden Commitment und Empowerment. Ganz im Gegenteil! Wenn ich meinen Weg klar sehe und mich selbst verpflichte, dann ist eine Spur Gelassenheit sicher zielführend.

Ich kenne viele Menschen, die haben entweder das eine oder das andere. Aber beides zusammen ist eher selten anzutreffen. Wenn Sie bei den vorher beschriebenen Haltungen eher Entwicklungsbedarf für sich gesehen haben, dann werden Sie sich jetzt vermutlich ganz entspannt zurücklehnen und sagen: „Ja, gelassen, das bin ich!" Dann gehören Sie zu den Menschen, die entspannt vor der Waschmaschinentür sitzen und warten, bis sich die gesperrte Tür nach dem Schleudergang öffnen lässt. Auch wenn Ihr Laptop hochfährt, trommeln Sie nicht mit den Fingern ungeduldig auf dem Schreibtisch herum.

Gelassenheit kommt von „lassen". Mit einer Spur Gelassenheit können Sie bestimmte Dinge auch sein lassen. Sie können Ihren Fokus verfolgen und müssen nicht überall dabei sein. Sie haben nicht ständig das Gefühl, etwas zu versäumen, wenn Sie nicht dabei sind. Sie haben nicht ständig das Gefühl, Erlebnissen hinterherlaufen zu müssen. Menschen, die das tun, sind in der Dauerschleife der Ablenkung verfangen. Die sind ständig in Aktion, um sich zu spüren. Wenn Sie Dinge lassen können, dann kommt das den wirklich wichtigen Dingen zugute. Dazu müssen Sie allerdings wissen, welche Dinge wirklich wichtig sind. Mit der Erarbeitung Ihrer Vision haben Sie dazu schon eine Menge Vorarbeit geleistet.

Was ist der Nutzen von Gelassenheit? Menschen, die gelassen an Themenstellungen herangehen, haben ein tiefes Zutrauen an die Zielerreichung und dadurch strahlen sie Kompetenz aus.

In Kap. 3 (Abschn. 3.5) wurden Kompetenz und Leidenschaft erörtert. Eine Quintessenz war, dass Leidenschaft und Erfolg eng zusammengehören. Leidenschaftliche Menschen geben sich den Themen, die sie lieben und die sie mit Leidenschaft erfüllen, ganz und gar hin. Und Hingabe braucht Zeit und Muße. Gelassene Menschen erlauben sich diese Zeit und Muße eher. Sie können genießen und bereuen den Genuss nicht. Ihr Credo lautet: „Lust statt Last und Verbissenheit!" Wenn wir ständig Druck auf uns ausüben und wenig in den Zustand der Gelassenheit kommen, dann führt das zu einer dauerhaften Anspannung. Dauerhafte Anspannung kann mittelfristig auch körperliche Auswirkungen haben. Dann ist es an der Zeit, sich mehr zuzugestehen – mehr von den Dingen, die die ich mir sonst nicht so recht erlaube. Es lohnt sich, darüber in viele Richtungen nachzudenken. Wovon können Sie mehr in Ihr Leben lassen? Wie sieht es z. B. mit dem Thema „Humor" aus?

Humor in kritischen Situationen an den Tag zu legen gelingt eher gelassenen Menschen. Es gibt Menschen, deren USP ganz auf dieser Eigenschaft beruht. Kann man Humor lernen? Ich denke, das ist möglich. Es gibt mittlerweile viele Seminare, die „Humor" lehren, Workshops, die versprechen, dass man nach ihrem Besuch die Techniken des Humors beherrscht. Ich selbst habe kürzlich solch einen Workshop in Berlin besucht, um dieses Stilmittel noch stärker in meine Reden einfließen zu lassen. Und es gibt tatsächlich einige hilfreiche Techniken, die mir das mit etwas Vorbereitung noch stärker ermöglichen. Dass ich das jedoch glaubwürdig und authentisch mache, hängt mehr von meiner „Gelassenheit" als von der entsprechenden Technik ab.

Gelassenheit heißt auch von Angst und Ärger lassen
Mir fallen dazu zwei Beispiele ein, die ich als Kunde erlebt habe. Das Verhalten der entsprechenden Person wurde jedoch jeweils mit einer Abmahnung geahndet, weil die geforderten Rahmenvorschriften nicht eingehalten wurden. Für mich zeigte sich in dem Verhalten eine großartige Mischung von einem hohen inneren Freiheitsgrad, einer inneren Gelassenheit gepaart mit einer großen Prise Humor und Schlagfertigkeit.

Die erste Person, die mich mit ihrer gelassenen Art beeindruckt hat, war die Kassiererin, die ich während meiner Bankausbildung in eine Hamburger Filiale einer großen Bank kennenlernte. Sie war ein Urgestein und arbeitete schon viele Jahre bei dieser Bank. Während dieser Zeit war sie bereits zweimal Opfer eines Banküberfalls geworden, der jedes Mal glücklicherweise glimpflich ausgegangen war. Als ihre Filiale ein drittes Mal überfallen wurde, verschränkte sie die Arme vor ihrer Brust und schnauzte den Bankräuber an: „Von mir bekommen Sie nichts! Ich habe darauf keine Lust mehr, nicht zum dritten Mal. Gehen Sie rüber. Einmal über die Straße zu unserem Wettbewerber. Der hat geöffnet und hat auch Geld!" Der verblüffte Bankräuber drehte sich tatsächlich um und ging! Er ging zwar nicht auf dem kürzesten Weg zum Wettbewerb. Aber er ging, wenn auch niemand weiß, wohin. Gefasst wurde er nicht und die Kassiererin bekam eine Abmahnung, weil sie möglicherweise andere Kunden und Mitarbeiter mit ihrem Verhalten hätte gefährden können. Ich war trotzdem sprachlos und nachhaltig beeindruckt von der tollen Mischung aus Humor und Gelassenheit und vom Erfolg ihres Verhaltens.

Eine andere Situation gab es im Flugzeug, als eine Stewardess die sehr kritischen Anmerkungen eines Kunden mit Humor parierte. Der Fluggast hatte sich dauerhaft über Kleinigkeiten beschwert. Schließlich klingelte er erneut und beschwerte sich, dass nun auch noch die Kartoffel seines Gerichtes, das gerade serviert wurde, kalt sei. Der Stewardess riss nicht der Geduldsfaden. Ganz im Gegenteil: Mit ruhiger Gelassenheit und einem netten Lächeln nahm sie die Kartoffel entgegen. Drehte und wendete sie und sagte dann in Richtung Kartoffel „Du böse böse Kartoffel! Du kannst doch den Herrn nicht so verärgern!" Dann stellte sie das Gericht wieder vor dem Fluggast ab und sagte, dass sie sich um ein neues Gericht für ihn kümmern werde.

In meinen Augen sind beide Persönlichkeiten echte Marken. Sie fielen mit ihrem Verhalten aus dem Rahmen und prägten sich damit ein. Spätestens nach diesem Vorfall hatten sie einen hohen Bekanntheitsgrad und über sie wurde geredet. Gelassenheit heißt also auch vom Ärger lassen. Wenn Sie sich aufregen, dann bitte gezielt und mit Mehrwert. So wie in den aufgezeigten Beispielen, zur Belustigung der anderen!

> Gelassenheit kann mich schützen, insbesondere, wenn meine Rezeptur mehr Zutaten mit „Power" enthält.

Kennen Sie den Satz „Geh Du vor, sagte die Seele zum Körper, auf mich hört sie nicht!"? Oder haben Sie ihn bereits einmal erfahren müssen? Druck erzeugt Gegendruck. Ist dieser Druck, den wir innerlich und möglicherweise auch äußerlich aufbauen, zu groß, dann erzeugt der Körper diesen Gegendruck, indem er uns in unsere Schranken weist. Dann spricht der Rücken, die Ohren oder das Herz mit uns. Sie verweigern uns den Gehorsam. Erst kurzfristig und mit Warnsignalen, aber wenn wir nicht gut zuhören, dann mit deutlicheren Zeichen. Aus meiner Coachingpraxis weiß ich, dass dies ganz und gar nicht eine Frage des Alters ist. Und oftmals auch keine Frage der objektiven Belastung. Die innere Haltung und der Umgang mit den Rahmenbedingungen, in denen Sie sich befinden, sind entscheidend. Sie entscheiden darüber, ob Ihre Seele sich Gehör bei Ihrem Körper verschaffen muss. Ein Begriff, der dazu heute Hochkonjunktur hat, ist „Achtsamkeit". Achtsamkeit und Gelassenheit ergänzen sich für mich in ähnlicher Weise wie die bereits beschriebenen Eigenschaften von „Empowerment" und „Commitment".

Eine gute Mischung zwischen den Tugenden Empowerment, Commitment, Gelassenheit und Achtsamkeit ist eine großartige Rezeptur auf dem Weg zur Weltmarke-„ICH".

Wie ist Ihre Rezeptur?

> **Gelassene Menschen sind sich ihrer Kompetenzen (un)bewusst.**

Können Sie sich noch erinnern, wie Sie Autofahren gelernt haben? Falls Sie nicht im Besitz eines Führerscheins sein sollten, dann kann es auch eine andere Kompetenz sein, die Sie sich über einen längeren Zeitraum angeeignet haben und die Sie jetzt wie selbstverständlich ausführen.

Unbewusste Inkompetenz: Es gab eine Zeit, da konnten Sie noch nicht Auto fahren und es hat Sie auch nicht gestört. Sie nahmen das Fahrrad oder die öffentlichen Verkehrsmittel, um von A nach B zu kommen, oder wurden von den Eltern chauffiert.

Bewusste Inkompetenz: Hier wird es unbequem. Sie spüren Ihre Schwäche und diese fängt an, Sie zu stören. Die ersten Freunde haben den Führerschein und Ihr eigenes Bedürfnis nach einem größeren Radius der Unabhängigkeit steigt. Wie das Auto allerdings zu bedienen ist, das wissen Sie noch nicht. Ihre Inkompetenz wird Ihnen bewusst. Wenn das Ziel, das Sie durch Ihre Ihnen jetzt bewusste Schwäche nicht erreichen können, erstrebenswert scheint, dann machen Sie sich auf den Weg. Es sei denn, das Ziel ist nicht erstrebenswert oder Ihr innerer Schweinehund schiebt sich immer wieder dazwischen.

Bewusste Kompetenz: Sie haben sich auf den Weg gemacht und Fahrstunden genommen. Manchmal reicht auch die heimliche Fahrt mit dem elterlichen Auto und einem wohlmeinenden Elternteil auf einem abgelegenen Acker, um das Gefühl der bewussten Kompetenz zu erlangen. Sie wissen jetzt, wie es geht. Aber es geht nicht von allein. Höchste Konzentration ist gefordert und Sie verdeutlichen sich die Bewegungsabläufe jedes Mal, bevor Sie sie ausführen.

Unbewusste Kompetenz: Sobald die Routine einsetzt, sind Sie sich Ihrer erworbenen Kompetenz nicht mehr bewusst. Die Bewegungsabläufe sind Ihnen in Fleisch und Blut übergegangen, Ihre Konzentration ist nicht mehr gefordert. Das macht Sie so gelassen, dass Sie sich anderen Dingen zuwenden. Dass dies gerade beim Autofahren gefährlich sein kann, muss ich hier sicher nicht weiter vertiefen.

Gelassene Menschen sind sich Ihrer Kompetenzen sicher. So sicher, dass sie auf ihre Fähigkeiten vertrauen und sie mit einer für andere wahrnehmbaren Leichtigkeit ausführen.

Wo spüren Sie Gelassenheit und vertrauen auf Ihre Kompetenzen oder Talente? Was braucht es, um diese zu wirklichen Stärken auszubauen, die Ihre Marke „ICH" und Ihren USP definieren?

Zunächst einmal die Frage nach den Dingen, die Ihnen wirklich leicht von der Hand gehen, die Ihnen Spaß machen und Sie mit Freude erfüllen. Wachstum braucht dann die schon oben angesprochene Mischung aus Gelassenheit, Optimismus und Biss:

Gelassenheit, dass Sie auf diese Talente wirklich vertrauen können und sie diese durch bewusste Weiterentwicklung zu Stärken ausbauen können. Hier kommt der Optimismus ins Spiel. Die innere Überzeugung „Das wird mir schon gelingen" sorgt für das Gelingen. Der Biss, mit dem Sie die Stärke auch mal gegen mögliche Hindernisse entwickeln, lässt Ihren inneren Schweinhund verstummen. Und der Weitblick ermöglicht Ihnen zu erkennen, wie Sie Ihre Stärken wirklich lohnenswert für sich und die Umwelt Nutzen stiftend einsetzen können. Das sind die hilfreichen Zutaten von Wachstum.

> **Wer loslässt, hat beide Hände frei!**

Welche Themen fressen Ihre Energien? Welche Dinge halten Sie fest aus Angst, sich aus der Komfortzone auf unbequemes Terrain zu bewegen?

Welche Themen wollen Sie loslassen, damit Sie neue Stärken entfalten können?

Gelassenheit[2] wird synonym mit innerer Ruhe oder Gemütsruhe verwendet. Diese innere Haltung verleiht Menschen gerade in schwierigen Situationen

---

[2] Das Wort Gelassenheit stammt aus dem Mittelhochdeutschen. Ursprünglich bedeutet es „Gottergebenheit".

die Kompetenz, unvoreingenommen zu bleiben und das Zutrauen nicht zu verlieren. Auch sie wird in der griechischen Mythologie bereits als Tugend gepriesen und ist nicht mit Gleichgültigkeit oder Trägheit zu verwechseln. Gelassenheit zeichnet vielmehr die Haltung aus, Unverrückbares zu erkennen und nicht ändern zu wollen. Somit hilft Ihnen Gelassenheit im Alltag, sich nicht immer von Energieräubern die Kraft rauben zu lassen. Bestimmte Rahmenbedingungen gelassen zu akzeptieren erleichtert es Ihnen ungemein, Ihre Vision zu erreichen. Gelassene Menschen halten ihr Glück nicht für planbar.

Was machen gelassene Menschen anders als andere?
Sie gehen grundsätzlich optimistisch an die Entwicklung der Dinge heran und beziehen ihre Kraft aus der tiefen Überzeugung, dass sich am Ende die Dinge zu ihren Gunsten fügen werden. Sie akzeptieren Dinge, die sie nicht ändern können, und übernehmen für die veränderbaren Rahmenbedingungen die Verantwortung. Wie oft sagen Sie innerlich: „Also, wenn ich einen anderen Chef hätte, der unterstützender wäre, ja dann hätte ich schon längst …" oder: „Wenn ich nur die Chance bekäme, an dieser Fortbildung teilzunehmen, ja dann …" Wie viel Mut haben Sie, diese Rahmenbedingungen zu verändern und sich neuen Herausforderungen zu stellen? Wie viel echtes Grundvertrauen haben Sie in Ihr Netzwerk? Haben Sie ausreichend Menschen, die Sie in Ihrem Vorhaben unterstützen?

Lassen Sie uns dem Gefühl der Gelassenheit auf den Grund gehen. Gerade Menschen, die viel „Power" in ihrer Rezeptur haben, fällt es oftmals schwer, sich diesem Gefühl hinzugeben. Wann haben Sie das letzte Mal wirklich bewusst das Gefühl der Gelassenheit gespürt und wie fühlt es sich für Sie an? Ist es nicht eine tiefe innere Ruhe, die sich nicht nur im Körper, sondern auch im Gemüt und Geist ausbreitet? Die einen Menschen vertrauen lässt, dass es gut so ist, wie es ist. Die auch dem Geist Ruhe gönnt, weil man das Gefühl hat, angekommen zu sein und sei es nur für den Moment.

Diese im sprichwörtlichen Sinne „Seelenruhe" ist ein wunderbares Gefühl, das sich noch besser einstellen kann, wenn ich weiß, wohin ich will. Ein guter Freund von mir beschreibt sich selbst als unruhiger Geist, der schwer abschalten kann, immer auf der Suche, immer auf dem Sprung. „Größer, höher, weiter" war sein Leitspruch. Bis er merkte, dass er sich von einer inneren Unruhe förmlich getrieben fühlte. Ein Schlüsselerlebnis war ein USA-Urlaub, in dem er, ebenfalls getrieben, nur von Ort zu Ort hetzte, von Erholung keine Spur. Erst da versuchte er, dieser Unruhe auf den Grund zu gehen. Was fehlte, wo wollte er hin? Als Künstler war er sehr viel unterwegs, hatte zwar Erfolg, aber kein wirklich langfristiges Engagement. Auf dieser Reise legte er den Grundstein für seine visionäre Ausrichtung: die langfristige Zugehörigkeit zu einem Ensemble und, damit verbunden, ein fester Wohnort, an dem er sich niederlassen konnte.

Was gibt Ihrer Seele Ruhe? Wie können Sie dies in Ihrer Vision berücksichtigen? Ist Seelenruhe überhaupt noch zeitgemäß? Lässt es sich mit dem Thema „Marke" verbinden? Ich denke Ja und zwar mehr denn je! Der Weg mag zwar beschwerlich und herausfordernd sein. Doch wenn das Erreichen der Vision mich mit einer wirklichen „Seelenruhe" erfüllt, dann mache ich mich gern auf den Weg. Dann weiß ich, dass ich angekommen bin, meine Vision erreicht habe und idealerweise gleichsam meine innere Mitte.

Buzz Words in unserer schnelllebigen Zeit sind nicht nur im Moment „Achtsamkeit", „Gelassenheit", und „Entschleunigung". Alles sollte besser „slow" sein, sogar das Essen. „Slow Food" für Vollwertkost. „Slow" für Verbesserung und für mehr Qualität auf allen Ebenen. „Heut` mach ich mir kein Abendbrot, heut` mach ich mir Gedanken!", sagte der Kabarettist Wolfgang Neuss und lädt damit zum Überdenken des hastigen Abhakens der nächsten To-dos ein.

Der Philosoph und Schriftsteller Johannes Bucej hat sich in seinem gleichnamigen Buch mit dem Thema der „Seelenruhe" intensiv auseinandergesetzt. Die Quintessenz seiner Überlegungen ist, dass wir die Zeit, die wir haben, nicht wirklich nutzen. Er betont: Nur dieses eine Leben, das jeder hat, ist dafür gedacht, eine eigene Antwort auf das „Wozu das Ganze?" zu finden. Diese Frage anzunehmen, sich auf die Suche nach Antworten zu machen und sich auf den Weg zu begeben, beinhaltet die Chance, Seelenruhe zu erfahren. Dafür braucht es seiner Meinung nach jedoch ein gewisses Maß an Selbstliebe. Wobei wir wieder bei den folgenden Fragen sind: In welchen Themenfeldern glauben Sie an sich? Wo sind Sie von sich überzeugt? Hier schließt sich für mich der Kreis. „Selbstbeziehung ist nicht Selbstbezogenheit", so Bucej.[3] Erst wenn ich ein gutes Verhältnis zu mir und meinen Stärken und Wünschen habe, dann kann ich von mir absehen und mich auf die Reise machen, am besten, um meine Vision und ganz nebenbei auch Seelenruhe zu erlangen.

> **Gelassene Menschen sind keine Glücksplaner, sondern Chancentrüffelschweine.**

---

[3] Quelle: https://ethik-heute.org/seelenruhe/.

5.3   Seien Sie ein Chancentrüffelschwein

Kennen Sie die Menschen, denen scheinbar alles zufliegt? Die nur einen Wunsch äußern müssen und schon wird er erfüllt? Die sich etwas vornehmen und scheinbar immer gelingt es ihnen.

Häufig handelt es sich um Menschen, die eine solch positive Ausstrahlung haben, dass man ihnen diese Erfolge gar nicht verübeln kann. Sie ziehen den Erfolg förmlich an.

Für mich gehört das eine unweigerlich zum anderen. Menschen, die sich Dinge zutrauen, die den optimistischen Leitsatz haben „Wenn es noch nicht gut ist, dann ist es auch noch nicht zu Ende", schaffen sich Räume des Gelingens. Sie sind regelrechte Chancentrüffelschweine. Sie umgeben sich mit Menschen, die zum Gelingen beitragen, denken Gedanken, die zum Gelingen beitragen, und schaffen sich damit allerbeste Voraussetzungen für das Gelingen.

Chancentrüffelschweine erkennen im Gegensatz zu den Problemtrüffelschweinen die Chancen, die sich ihnen in den Weg stellen. Sie sehen nicht als Erstes die Probleme. Für sie sind die Chancen überall, sie müssen nur gesehen werden.

Wenn Sie sich z. B. mit dem Gedanken tragen, sich ein neues Auto zu kaufen, und ein Tesla ist in der engeren Wahl, dann sehen Sie vermutlich auf einmal auf der Straße wie von Geisterhand viel mehr Tesla herumfahren als noch vor der Kaufentscheidung. Unser Gehirn hat einen anderen Fokus. Unser Hirn muss ständig eine solche Vielzahl von Informationen verarbeiten. Deshalb entscheidet es nach Kategorien, welche Informationen durch den Filter kommen und welche eben auch nicht. Denkt Ihr Hirn über Vor- und Nachteile von Tesla-Fahrzeugen nach, dann kommen eben just diese Bilder nicht nur auf Ihrer Netzhaut an, sondern werden auch in Ihrem Gehirn abgespeichert. Möglicherweise mit der Interpretation: „Muss ja ein guter Wagen sein, wenn sich in letzter Zeit doch so viele Menschen für diese Marke entschieden haben." Dabei haben sich objektiv nicht exponentiell mehr Menschen für diese Marke entschieden und es gibt auch keine zufällige Ballung an Ihrem Wohnort. Es liegt einzig und allein daran, dass Ihr Gehirn durch die veränderte Fragestellung einen anderen Fokus hat. Ähnlich ist es beim Chancenfokus auch. Der gewählte Fokus macht den Unterschied zwischen Chancen- oder Problemtrüffelschwein aus. Mit welcher Fragestellung gehen Sie durch die Welt? Wenn Sie sich intensiv mit einer Fragestellung auseinandersetzen und für die möglichen Antworten, die meist vielfältig sind, mit offenem Blick durch die Welt gehen, dann werden Sie immer wieder von neuen Chancen überrascht.

Die Chancen aufzuspüren, ist der erste Schritt. Diese Chancen dann auch für sich zu nutzen und zum Erfolg zu führen, das ist der zweite Schritt. Dazu müssen wir uns immer wieder neu und auch mutig entscheiden. Chancen zu nutzen heißt, Entscheidungen zu treffen.

Welche Entscheidungen waren für Ihre bisherige Entwicklung wirklich richtungsweisend? Waren es immer die Entscheidungen „für" etwas oder auch diejenigen „gegen" etwas? Wenn ich mich entscheide, mich von etwas abzugrenzen, „Nein" zu etwas zu sagen oder etwas sein zu lassen, dann braucht das meist Mut. Den Mut, die Konsequenzen auszuhalten, die diese Entscheidung mit sich bringt. Die Entscheidung bringt jedoch gleichzeitig einen stärkeren Fokus auf die wirklich wichtigen Dinge und damit meist eine verbesserte Qualität mit sich.

Entscheidungen zu treffen ist nicht trivial, insbesondere, wenn man bedenkt, dass wir bis zu 20 000 Entscheidungen pro Tag[4] treffen. Das fängt schon mit dem Aufstehen an. Springen Sie frisch und munter aus dem Bett und entscheiden sich, den Tag gut gelaunt zu beginnen? Oder bleiben Sie noch etwas liegen, stehen verspätet auf und entscheiden sich für einen hektischen Start in den Tag? Zugegeben, häufig entscheiden wir schnell und unbewusst, ohne dass wir uns die echten Konsequenzen wirklich vor Augen geführt haben. Sind diese Entscheidungen daher schlechter und eher zu vermeiden? Forschungen haben ergeben, dass Bauchentscheidungen nicht schlechter als intuitive Entscheidungen sind, ganz im Gegenteil. Außerdem werden sie um ein Vielfaches schneller getroffen. Wenn wir uns mit ganzer Kraft auf das Gelingen des Ziels konzentrieren, dann hilft das auch unserer Entscheidungskraft – ohne Hintertür und ohne Kompromisse. Entschiedenheit bedeutet, dass wir bewusst gewählt haben.

„Machen Sie doch, was Sie wollen – aber wirklich!"
Erfolg ist eine Folge von Entscheidungen, was uns häufig fehlt, ist Entschiedenheit.[5] Wir können uns häufig nicht für etwas entscheiden, weil das gleichzeitig bedeutet, dass wir uns gegen etwas anderes entscheiden müssen. Und das empfinden viele von uns als Einschränkung, also lassen wir es lieber gleich. Doch um welchen Preis? Wir verlieren den Fokus, und damit vergeben wir uns viele Chancen, unsere Vision mit echtem Leben zu erfüllen.

---

[4] http://karrierebibel.de/entscheidung-treffen/.
[5] aus Hermann Scherer: Fokus.

Entscheide ich mich für das Studium an der Fern-Uni, heißt das gleichzeitig mindestens drei Jahre weniger Privatleben und viel Arbeit. Entscheide ich mich für den Wechsel in das neue Team, bedeutet das gleichzeitig die Entscheidung gegen den Verbleib bei den sehr geschätzten Kollegen. Entscheidung heißt auch immer, Abschied zu nehmen von den anderen Optionen. Da wir das häufig nicht mögen, verharren wir in der Unentschiedenheit. Solch eine Haltung macht unkreativ und unproduktiv. Ich sehe das Meer der Möglichkeiten, aber ich nutze meine Chancen nicht.

Zu starke Entschiedenheit, die Verbissenheit mit sich bringt, ist dagegen kontraproduktiv. Entschiedenheit wirkt souverän, Verbissenheit dagegen verkrampft. Ein schönes Beispiel aus der Geschichte ist dafür Christoph Kolumbus. Mit großer Entschiedenheit verfolgte er seine Vision der Entdeckungsreise und überzeugte den spanischen Hof, die dafür notwendigen finanziellen Mittel zur Verfügung zu stellen. Gleichzeitig forderte er allerdings auch den Titel „Großadmiral des Ozeans". Leider war er, wie die Geschichte zeigte, nicht der größte Navigator aller Zeiten. Statt des Seewegs nach Indien entdeckte er Amerika. Sein Glück: Er rettete seine Karriere und erfüllte zumindest einen Teil seiner Mission, denn das entdeckte Land war reich an Gold und so kehre der Admiral erfolgreich zurück.

Das bringt uns zurück zu unserer Rezeptur. Wie entschieden sind Sie? Wie viel Gelassenheit legen Sie dabei an den Tag? Welchen Zugang haben Sie zu Ihrer Intuition?

Die Kaufentscheidung für ein neues Auto kann ich mir ggf. noch mit einer Pro-und-Contra-Liste erleichtern. Spätestens bei der Frage, ob Arbeitgeber A oder Arbeitgeber B der geeignete Partner zur Erreichung meiner Vision ist, reicht eine solche Liste nicht mehr. Um hier eine erfolgreiche Entscheidung treffen zu können, brauche ich einen guten Zugang zu meinen Emotionen. Der portugiesische Neurologe Antonio Damasio hatte 1982 einen Patienten, der nach einer Tumoroperation am Gehirn zwar seinen vollen Intelligenzquotienten behielt, jedoch Einbußen im Gefühlszentrum seines Gehirns hinnehmen musste. Das führte bei ihm zur vollständigen Alltagsuntauglichkeit, da er fortan keine Entscheidungen mehr treffen konnte. Fühlt sich alles gleich an, kann ich keine Entscheidungen treffen. Ohne Gefühl ist der Verstand hilflos. Doch auch wenn wir im vollen Besitz unserer Gefühle sind, haben wir „die Qual der Wahl". Oder wenn wir an alle Wahlfreiheit und Wahlmöglichkeiten denken, sogar die „Tyrannei" der Wahl. Eine zu große Auswahl kann unglücklich machen. Genau diese Erkenntnis hat sich der Discounter „Aldi" zunutze gemacht, indem er mit der beschränkten Auswahl wirbt und diese Reduktion der Vielfalt als echten USP anpreist.

Wenn ich mich also im Hinblick auf meine übergeordnete Zielsetzung mit der Frage auseinandersetze „Was ist mir langfristig wirklich wichtig?", dann verlagere ich automatisch meinen Blickwinkel. Die Vielfalt der Möglichkeiten reduziert sich auf das für mich wirklich Wichtige. Ich gewinne an Fokus und das macht gelassen und „seelenruhig".

Haben Sie sich bei weichenstellenden Entscheidungen bisher deutlich gemacht, dass es sich um langfristige Entscheidungen handelt? Gerade diese stürzen uns oftmals in ein Dilemma. Schließlich können wir erst weit in der Zukunft wirklich einschätzen, ob sich eine Entscheidung wirklich gelohnt hat. Anders ausgedrückt: ob sich der Verzicht auf die andere Option wirklich ausgezahlt hat. Insofern entscheiden sich viele von uns für die eher kurzfristige Lösung oder für das, was sie bereits haben.

Ein Versuch mit Studenten aus dem Jahre 1989[6] macht dies deutlich. Ein Professor schenkte seinen Studenten eine Tasse und fragte sie kurz darauf, ob sie bereit wären, diese Tasse in einen Schokoriegel einzutauschen. 90 Prozent behielten den Becher. Umgekehrt funktionierte es genauso. Erst einmal im Besitz der Süßigkeit, wollten ebenfalls 90 Prozent der Befragten diese nicht im Nachgang in einen Becher umtauschen. Das heißt, dass wir uns eigentlich oftmals gar nicht entscheiden wollen. Wir bevorzugen, dass alles beim Alten bleibt, auch wenn es uns nirgendwo hinführt. Ich hoffe, jetzt hält Sie nichts mehr von der Formulierung Ihrer Vision ab, denn diese ist ein echter Motivator für Entscheidungen.

Oftmals kommt es dabei also zu einer übereilten Entscheidung oder zu einem Kompromiss, der uns von unserem eigentlichen Ziel abbringt. Frei nach dem Motto „Besser den Spatz in der Hand als die Taube auf dem Dach!". Umso wichtiger ist es, eine Vision zu haben. Mit der Langzeitperspektive im Kopf kann ich einen ganz anderen Blickwinkel einnehmen, der es mir im besten Fall ermöglicht, einen faulen Kompromiss frühzeitig zu identifizieren.

Schon Kinder weisen hier eine unterschiedliche Kompetenz auf.

Ausdauer schlägt Talent.[7]

Wer ausdauernd ist und Rückschläge einstecken kann, ist dauerhaft erfolgreicher und nutzt seine Chancen. Willenskraft ist unbestritten eine wichtige Kompetenz auf dem Weg zum Erfolg. Ende der 60er Jahre setzte Walter Mischel, Psychologe an der Harvard-Universität, den vier- bis sechsjährigen Kindern der dort angeschlossenen Nursery School zu Forschungszwecken

---

[6] Becher-Versuch aus dem Jahre 1989 des amerikanischen Ökonomen Jack Knetsch.

[7] https://www.welt.de/gesundheit/psychologie/article125368166/Alles-kommt-zu-dem-von-selbst-der-warten-kann.html von Fanny Jiménez, 2014.

Marshmallows vor, um zu erforschen: „Wie steht es um deren angeborene Willenskraft?" Er erklärte den Kindern, dass sie die Süßigkeit sofort essen könnten. Wenn sie sich jedoch gedulden würden, dann bekämen sie dafür später zwei. Er verließ danach für 15 Minuten den Raum, und als er wiederkam, hatten es einige Kinder unter Aufbietung all ihrer Willenskraft geschafft, der Versuchung zu widerstehen. Andere dagegen saßen vor einem leeren Teller. Als er die mehr als 500 Kinder 13 Jahre nach der Versuchsreihe noch einmal einlud, zeigte sich, dass jene Kinder, die schon im Kindergartenalter geduldig waren, auch als junge Erwachsene als zielstrebiger, erfolgreicher und als sozial kompetenter eingestuft wurden, und das unabhängig von ihrer Intelligenz. Was Mischel damals gemessen hat, wird heute als das „Glück bringende Gemisch aus Selbstkontrolle, Frustrationstoleranz und Ausdauer" bezeichnet. Zusammengefasst und auf den Punkt gebracht ist es die Geduld, die das Chancentrüffelschwein neben der Intuition erfolgreich sein lässt.

- Wie geduldig sind Sie beim Erreichen Ihrer Vision?
- Inwieweit gelingt Ihnen heute der Verzicht, um in der Zukunft davon zu profitieren?
- Oder anders gefragt: Inwieweit ist es Ihnen heute möglich, einen unbequemen Weg einzuschlagen, um in der Zukunft davon zu profitieren?

Die Geduldigeren geben nicht so schnell auf, wenn sich ihnen Hürden in den Weg stellen, und sind bereit, in ihre Visionen und Träume zu investieren. Die Marshmallow-Kinder hatten dafür ihre eigenen Strategien: Manche sangen oder lenkten sich anderweitig ab. Andere redeten sich gut zu und wieder andere versuchten, die Süßigkeit außer Sichtweite zu bringen. Manche stellten sich schlafend und ganz Clevere knabberten ein kleines Eckchen vom Marshmallow ab und stellten es dann wieder zurück. Jetzt wussten sie zumindest, wofür sich das Warten lohnte.

Welche Strategien haben Sie, um sich in Geduld zu üben?

Gehören Sie zu den Ungeduldigen, die sich jetzt die Frage stellen, ob sich Geduld trainieren lässt, um zum Chancentrüffelschwein zu werden? Herzlich willkommen im Club. Mischel konnte belegen, dass Geduld nur teilweise genetisch bedingt ist. Das lässt zumindest noch eine gewisse Hoffnung zu. Die Forscher fanden heraus, dass sich ein hohes Maß an Selbstkontrolle aus der Gehirnaktivität ablesen lässt. Die gute Botschaft ist, dass wir lernen können, dass sich Geduld[8] lohnt. Kinder lernen das am besten in einem verlässlichen Umfeld. Wenn die versprochene Belohnung kommt, dann hat sich das Warten gelohnt. Insofern können wir als Kinder von dem Umfeld profitieren, in dem wir aufwachsen.

---

[8] http://www.ndr.de/fernsehen/sendungen/Das-Experiment-mit-Linda-Zervakis.

Als erwachsene Menschen können wir uns unser Umfeld bewusst aussuchen.

In welchem Umfeld bewegen Sie sich aktuell? Finden Sie dort Vorbilder? Menschen, die Ihnen Orientierung bieten oder Wachstum ermöglichen?

Die Journalistin und „Tagesschau"-Sprecherin Linda Zervakis untersucht in Ihren Sendungen „Das Experiment" Faktoren, die Menschen beeinflussen. Eine Fernsehsendung des NDR macht den Einfluss unseres direkten Umfeldes auf lustige und auch eindrucksvolle Weise deutlich: In einer Arztpraxis werden ungefähr zehn Menschen ins Wartezimmer gesetzt. Acht davon haben das Briefing erhalten, auf einen bestimmten Ton hin aufzustehen. Die anderen beiden kennen dieses Briefing nicht und befinden sich als echte Patienten in diesem Wartezimmer. Der leise Ton erklingt, woraufhin die gebrieften Personen aufstehen. Nach kurzem Zögern stehen dann auch die nicht eingeweihten Personen auf. Und das, obwohl der Sinn dieser Aktion für sie überhaupt nicht erkennbar ist. Sie stehen auf, weil die anderen Menschen, die in der Mehrzahl sind, aufstehen. Sie tun das, was die Mehrzahl in ihrem Umfeld tut. Wir Menschen folgen meist immer noch unserem Herdentrieb.

Sind Sie auch ein Herdentier? Dann achten Sie auf Ihr Umfeld!

Seien Sie also ein gefühlvolles und entscheidungsfreudiges Chancentrüffelschwein, das sich im „richtigen Umfeld" bewegt.

Übung 5.4.: Vom Problemsucher zum Chancentrüffelschwein

Wie ist Ihr Entscheidungsverhalten?

_____

_____

_____

_____

In welchem Umfeld bewegen Sie sich?

_____

_____

_____

_____

Welche Vorbilder helfen Ihnen, Ihre Vision mit Leben zu füllen?

_____

_____

_____

Wie geduldig erwarten Sie die nächsten Chancen?

Wie ausgeprägt ist Ihre Kompetenz abzuwarten, um die nachhaltigen Früchte zu ernten?

5.4 Füttern Sie Ihr Google mit den richtigen Begriffen!

Wir passen uns unserem sozialen Umfeld an. Der Netzwerkforscher Nicholas Christakis von der Harvard University spricht sogar davon, dass Übergewicht ansteckend ist, da Menschen ihre Essgewohnheiten ihrem sozialen Umfeld anpassen. Wie sieht also Ihr soziales Umfeld aus? Mit welchen Menschen umgeben Sie sich? Soziale Effekte beim Essen sind gut belegt. Menschen orientieren sich an Menschen, die sie für Vorbilder halten. Ein Experiment des Konsumforschers Brent Mc Ferran von der University of British Columbia legte dies eindrucksvoll dar: Er bestellte Probanden ein unter dem Vorwand, einen Film anzusehen. Wer wollte, der durfte sich dafür mit Süßigkeiten eindecken. Er stattete eine eigentlich schlanke Frau mit einem gepolsterten Anzug, einem sogenannten Fat Suit, aus. Sie aß viele Süßigkeiten, woraufhin sich die Probanden zügelten. Als sich die Frau allerdings ohne den Anzug den Teller volllud, taten es ihr die Probanden nach. Die Logik dahinter schien zu sein: „Wenn die Frau so viele Süßigkeiten essen kann, ohne dick zu werden, dann kann ich das auch!"

Unser Gedächtnis sucht wie Google: Google macht Ihnen auch immer wieder Vorschläge für die vorher gegoogelten Themen. Wenn ich es schaffe, mich auf mein Ziel zu fokussieren, dann schaffe ich es auch, mit Hilfe der vorab ausgewählten Angebote von Google meinen Fokus auf die konkret definierten Themen zu legen. Bin ich hier allerdings nicht präzise, dann werde ich von den Suchmaschinen in immer neue Sphären geführt, sodass ich am Ende ganz und gar meine Einstiegsfrage vergesse. So ähnlich stelle ich mir den Einfluss meines Umfeldes vor. Was wird mir vorgelebt, womit umgebe ich mich und worauf richte ich meinen Fokus? Mein Umfeld prägt mich. Meine Spiegelneuronen nehmen automatisch die Aktivitäten meines Umfelds wahr und ermöglichen mir Weiterentwicklung – oder eben auch nicht.

Hintergrundinformation
Spiegelneuronen sind ein Resonanzsystem im Gehirn, das Gefühle und Stimmungen anderer Menschen beim Empfänger zum Erklingen bringt. Das Einmalige an den Nervenzellen ist, dass sie bereits Signale aussenden, wenn jemand eine Handlung nur beobachtet. Die Nervenzellen reagieren so, als ob man das Gesehene selbst ausgeführt hätte.

Rein zufällig stieß der italienische Forscher Giacomo Rizzolatti 1996 auf die Spiegelzellen. An der Universität Parma erforschte er mit seinem Physiologenteam an Schimpansen, wie Handlungen im Gehirn geplant und umgesetzt werden. Im Versuchsaufbau ging es den Wissenschaftlern darum herauszufinden, welche Nervenzellen bei dem beobachteten Schimpansen aktiv werden, sobald er nach einer Nuss greift. Dabei machten die Forscher eine sensationelle Entdeckung. Denn die Nervenzellen sandten nicht nur Signale aus, wenn der Affe selbst nach einer Nuss griff, sondern auch, wenn das Tier beobachtete, wie ein Teammitarbeiter die gleiche Handlung ausführte. Indem der Affe die Bewegung des anderen mitverfolgte, reagierten die Nervenzellen so, als ob der Schimpanse selbst nach der Nuss gegriffen hätte. Das Gesehene wurde im Gehirn des Schimpansen „gespiegelt". Die Nervenzellen, die diese spiegelnden Signale auslösten, nannten die Forscher nun Spiegelneuronen.[9]

Glücklicherweise verfügen wir alle über diese Spiegelneuronen. Sie machen uns nicht nur zu mitfühlenden Wesen, die ihrer Intuition vertrauen können. Sie ermöglichen uns auch das Lernen durch Imitation. Sie funktionieren unbewusst, wir müssen nicht darüber nachdenken. Die Bewegungsmuster, Handlungen oder Körperzeichen des anderen werden von unserem Gehirn schnellstens dechiffriert. In unserem Gehirn entsteht ein Spiegelbild dessen, was wir sehen. Spiegelneuronen führen wahrgenommene Situationen und Handlungen vorausschauend zu Ende. Sie lassen uns sogar erahnen, was unser

---

[9] http://www.planet-wissen.de/natur/forschung/spiegelneuronen/index.html.

Gegenüber als Nächstes tun wird. So ist es uns z. B. möglich, dass wir uns in einem sehr gut besuchten Kaufhaus bewegen, ohne ständig mit anderen Personen zusammenzustoßen.

Wenn Sie sich also immer wieder in ein Umfeld begeben, in dem Sie bewusst und auch unbewusst Verhalten und Handlungen erleben und erfahren, die Sie für die Weiterentwicklung Ihrer Marke brauchen, dann werden Sie sich entwickeln. Die Spiegelneuronen machen ihren Job: Das ist nicht einmal anstrengend, sondern geschieht ganz automatisch. Die Vorarbeit, die Sie allerdings leisten sollten, ist ähnlich wie bei Google: Seien Sie präzise bei dem, was Sie wollen!

Mit der Definition Ihrer Marke und der langfristigen Ausrichtung durch die Formulierung Ihrer Vision machen Sie sich das zunutze. Wenn Ihnen klar ist, wo Sie hinwollen, dann umgeben Sie sich möglichst schon jetzt mit Menschen, die sich in diesem Umfeld bewegen. Sie haben einen klassischen Bürojob, der Sie nicht ausfüllt und Ihre wirklichen Kompetenzen nicht abruft? Ihnen fehlt der Austausch mit anderen, und Sie fühlen sich eigentlich innerhalb der Organisation und im Dienstleistungsbereich viel besser aufgehoben als in der Administration? Dann schauen Sie sich um! Wo in Ihrem betrieblichen Umfeld gibt es diese Voraussetzungen? Und wenn nicht dort, wo dann?

Kommen wir zurück zu Google. Google selektiert für Sie, wenn Sie das System richtig „füttern". Und im nicht-digitalen Leben? Auch hier nehmen wir selektiv wahr. Wir können nicht alle Informationen, die auf uns einstürmen, direkt verarbeiten, sondern sortieren aus. Das kann hilfreich sein, um den Fokus zu behalten. Die Frage ist nur, auf welche Dinge wir uns fokussieren. Wer entscheidet für uns, welcher Fokus für unsere selektive Wahrnehmung entscheidend ist?

Es gibt Menschen, mit denen fühlen Sie sich eng verbunden, und andere, die können es Ihnen nicht wirklich recht machen, so sehr sie sich auch anstrengen? Sie haben einen anderen Blickwinkel auf die Dinge. Sie nehmen selektiv wahr und sehen nicht das ganze Bild. „So wie er die Dinge erledigt, das ist ja typisch", denken Sie sich vielleicht. „Das ist ja wieder purer Aktionismus, völlig unstrukturiert." Oder: „Das ist doch klar, so wie der sich wieder in den Vordergrund spielt, bekommt er bestimmt wieder den Auftrag." Nur, dass der Aktionismus möglicherweise Dinge voranbringt und der Kollege, der sich gut verkauft, möglicherweise auch eine Menge Kompetenz mitbringt und Spaß an der Sache hat, das blenden wir in solchen Momenten gern auch einmal aus. Wir betrachten nur einen Ausschnitt des Bildes und nicht das gesamte Werk. Welchen Ausschnitt wir dabei wählen, hängt oft von unseren Vorerfahrungen ab.

Mit anderen Worten: „Ich sehe was, was Du nicht siehst." Oder aber negativ ausgedrückt: „Ich kann nicht sehen, was auch noch da ist." Wie haben wir die Person im Vorfeld erlebt, auf welche Erfahrungswerte können wir zurückgreifen? In der systemischen Beratung ermutigen wir den Betrachter immer wieder dazu, den Blickwinkel zu erweitern und möglichst viele Bildausschnitte in das Blickfeld zu nehmen. Füttern Sie also Google auch einmal mit anderen Begriffen, so ergibt sich eine größere Bandbreite zur Auswahl.

Mit welchem Blickwinkel schauen Sie auf sich selbst? Welche Erfahrungswerte steuern Ihren Weg? Bauen die Erinnerungen an mögliche Niederlagen zusätzliche Hürden auf, oder haben Sie eher Ihre Erfolge im Blick, die ermutigen und Ihnen helfen, auch weitere Herausforderungen anzugehen?

Was in Ihrer Vergangenheit war wirklich herausfordernd? Auf welche genommene Hürde sind Sie stolz?

Wenn es uns schon nicht gelingt, unsere selektive Wahrnehmung ganz auszuschalten, dann können wir zumindest versuchen, Sie positiv umzuleiten. Frei nach dem Motto „Diese Hürde in meinem Leben habe ich bereits genommen, hätte ich zu Anfang auch nicht gedacht. Wenn ich das geschafft habe, dann brauche ich dieses neue Hindernis wirklich nicht zu fürchten …". Dieses Mantra darf Sie gern Ihr weiteres Leben lang begleiten und Ihnen Mut machen, Ihre Marke „ICH" ins rechte Licht zu rücken.

Übung 5.5.: Wie lautet Ihr persönliches Mantra?

_____

_____

_____

_____

_____

_____

Ob uns dieser positive Blickwinkel leicht gelingt oder uns einiges abverlangt, hängt von unseren Vorerfahrungen ab. Wir alle folgen Mentalprogrammen, die sowohl auf unseren Erfahrungswerten als auch auf unserer Erziehung basieren.

„Das Auge sieht nur das, was der Geist bereit ist, zu begreifen." Henri-Louis Bergson[10]

---

[10] Quelle: http://www.maschiach.de/content/view/244/120/.

Unser Gehirn ist ständig auf der Suche nach Mustern, um neue Informationen in bereits vorhandene Muster noch besser eingliedern zu können. Während wir also eine Situation wahrnehmen und einzuordnen versuchen, selektiert unser Gehirn und nimmt nur einen kleinen Teil aller Reize wahr.

Hintergrundinformation

Die selektive Wahrnehmung ist ein psychologisches Phänomen, bei dem nur bestimmte Aspekte der Umwelt wahrgenommen und andere ausgeblendet werden. Während des Wahrnehmungsaktes laufen zwei steuernde Prozesse ab: Selektion und Inferenz. Durch die Selektion wird nur ein kleiner Teil des gesamten Reizspektrums erfasst und verarbeitet, d. h., bei der Personenwahrnehmung werden nicht alle Verhaltensweisen eines Menschen in die Bewertung miteinbezogen. Die Inferenz bedeutet in diesem Beispiel, dass man über die tatsächlich gegebenen Informationen hinausgeht und unbewusst Schlüsse auf weitere nicht beobachtbare oder nicht beobachtete Eigenschaften einer Person zieht, etwa aus dem Gesichtsausdruck wird auf Stimmungen oder Persönlichkeitseigenschaften geschlossen.

Jeder Mensch nimmt die Welt auf eine subjektive und individuelle Weise wahr, stets in Ausschnitten, Verzerrungen, Verkleinerungen oder Vergrößerungen. Die Auswahl der wahrgenommenen Sinneseindrücke wird von verschiedenen Filtern beeinflusst, in denen Erfahrungen Einstellungen und Interessen eine bedeutende Rolle spielen.[11]

Mit unserer selektiven Wahrnehmung orientieren wir uns immer an unseren Zielen und Werten, seien sie uns nun bewusst oder beeinflussen uns unbewusst.

Machen Sie z. B. gerade eine wenig schöne Erfahrung und Ihr Gehirn erkennt darin ein Muster einer ähnlichen Situation, die Sie schon einmal als sehr schmerzhaft erlebt haben, dann wird sich dieses Muster verfestigen. Ein Dritter versteht Ihre Einschätzung dann möglicherweise gar nicht und sagt: „Ist doch alles gut gelaufen, was hast Du denn?" Doch Ihr innerer Kritiker beharrt auf dem bekannten Muster und verzerrt Ihre eigene Betrachtung.

Um Hürden zu überwinden und Ihre Ziele zu erreichen, sollten Sie Ihre Wahrnehmung bewusst auf die Erfahrungen lenken, die Sie positiv besetzen können und die Sie ermutigen. Oder wie meine Coaching-Klientin Anette[12] es einmal nannte: „Mir selbst neue positive Erlebnisse zu schenken." Anette hatte als Kind immer wieder gehört: „Halte Dich zurück, man muss als Mädchen nicht immer im Mittelpunkt stehen!" Für sie erwuchs daraus eine zunehmende Unsicherheit in größeren Gruppen.

---

[11] www.lexikon.stangl.eu.

[12] Name geändert.

Insbesondere war es für sie schwierig, vor größeren Gruppen zu sprechen. Als Führungskraft blieb ihr aber oftmals nichts anderes übrig und so ging sie dieses Thema im Coaching an. Für Anette heißt ihr neues Mantra jetzt: „Du musst nicht immer im Mittelpunkt stehen, im Mittelpunkt sitzen reicht auch."

Wer sein Leben lang, zumindest in seiner Kindheit, gehört hat, „Sei vorsichtig", der wird als Kind bestimmt nicht als Erster auf den hohen Baum geklettert sein und wird als Erwachsener auch noch eher die Risiken abwägen und sich nicht zum Sprung oder zur Veränderung entscheiden. Die prägenden Erziehungsgrundsätze und Werte beeinflussen uns auch als Erwachsene immer noch unbewusst. Doch wenn ich einige meiner mentalen Muster als hinderlich erkenne, dann kann ich damit arbeiten.

Doch die selektive Wahrnehmung beschränkt uns nicht nur, sie hat auch ihr Gutes. Sie schützt uns vor allen Dingen vor Reizüberflutung. Sie ermöglicht uns oftmals, das Wichtige vom Unwichtigen zu trennen, wenn wir konzentriert sind und wissen, wie unser Fokus sein sollte. Schon seit einigen Jahren wird zunehmend über Grundschulkinder berichtet, die fast nicht schulfähig sind, weil sie sich nicht konzentrieren können. Hyperaktivität nennen das die Experten. Diese Kinder sind ständig in Bewegung, um sich selbst zu spüren. Die gegensätzliche Ausprägung, der Hypotonus von Kindern, zeigt sich darin, dass sie sich wegträumen, wenn sie die Aufmerksamkeit verlieren. Die Auswirkung auf die Schulleistung ist bei beiden ähnlich: Schulversagen durch mangelnde Konzentration. Die Kinder nehmen anders wahr, ihr Gehirn sortiert nicht, was jetzt wirklich wichtig ist. Sie nehmen den am Fenster vorbeifahrenden Lastwagen als zunächst einmal genauso wichtig wahr wie die Lehrerin, die an der Tafel die neuen Aufgaben notiert. Alle Informationen müssen erst einmal untersucht werden, ob sie wichtig sind oder ausgeblendet werden können. Stellen Sie sich vor, wie anstrengend es ist, wenn Ihr Gehirn das nicht schon unbewusst für Sie leistet. Sicher hat die Reizüberflutung durch die ständige multimediale Ablenkung noch zugenommen. Doch erinnern wir uns nur an die wunderbare Figur des „Michel aus Lönneberga" von Astrid Lindgren. Dann wissen wir, dass auch in der schwedischen Abgeschiedenheit des letzten Jahrhunderts diese Wahrnehmungsveränderung vorkam. Doch was hilft? Es ist immer wieder zu beobachten, dass gerade diese Kinder über sich hinauswachsen, wenn sie den Bereich gefunden haben, der sie wirklich erfüllt. Inhalte, die sie begeistern. Dann sind sie voll bei der Sache und entwickeln sich oftmals zu echten Experten auf diesem Gebiet – wunderbar also, wenn sie diesen Bereich für sich entdeckt haben.

Wenn Sie Ihr inneres Google nutzen, dann lenken Sie die Aufmerksamkeit auf die für Sie richtige Auswahl.

Nur was ist die richtige Auswahl? Das sind die für Sie wirklich wichtigen Dinge.

Im Zeitmanagement gibt es ein sehr einfaches wie auch hilfreiches Tool: das Eisenhower Grid. General Dwight D. Eisenhower hat angeblich schon im Zweiten Weltkrieg das US-amerikanische Militär mit Hilfe dieser einfachen Unterscheidung strategisch gelenkt. Später wurde er der 34. Präsident der Vereinigten Staaten von Amerika. Die nach Eisenhower genannte Matrix unterscheidet die Aufgaben in „wichtig" und „dringlich". Wichtig sind die Aufgaben, die Sie Ihrer Zielerreichung näherbringen. Dringlich sind die Aufgaben, die zeitlich terminiert sind und die nach Überschreitung des Termins nicht mehr relevant sind.

In der Praxis hat der Quadrant A „wichtig und dringlich" Priorität. Meist ist das allerdings auch der Quadrant, der am meisten Stress verursacht, da Sie bei den dringlichen Aufgaben fremdbestimmt sind.

Bei den Aufgaben, die „weder wichtig noch dringlich" sind, sollten Sie sich die Frage stellen, ob die überhaupt zu erledigen sind. Das sind Aufgaben, die wir entweder annehmen, ohne wirklich nachzudenken, bei denen wir uns gern einmal verzetteln oder die uns ablenken. Putzen Sie auch Ihre fast saubere Wohnung, bevor Sie sich an die überfällige Steuererklärung machen?

„Dringlich, aber nicht wichtig" sind diejenigen Aufgaben, die bei Ihnen das Gefühl der Fremdsteuerung hinterlassen. Wenn es die Möglichkeit gibt, diesen Quadranten möglichst klein zu halten, dann nur zu. Vielleicht können Sie ja etwas delegieren oder gar nicht erst annehmen?

Und dann kommen wir zu dem Quadranten mit den Aufgaben, die „wichtig und nicht dringlich" sind. Das ist der Quadrant, dem Ihre volle Aufmerksamkeit gehören sollte. Hier gilt es, aktiv zu sein und sich für das Wachstum dieses Quadranten Freiräume zu schaffen. Dazu zählen die Aufgaben, die mich meiner Zielerreichung näherbringen, die meine Vision Realität werden lassen. Diese Freiräume ermöglichen mir Zeit für die Weiterentwicklung meiner Kompetenzen, für die Übernahme von Projekten oder Aufgaben, die mich weiterbringen und die mich idealerweise erfüllen.

Welche Ihrer Aufgaben gehören in diesen Quadranten? Welche sind wirklich wichtig? Wenn Sie diese benennen können, ist das schon einmal gut. Die Fragen, die dann allerdings folgen sind fast noch wichtiger zu beantworten:

Haben Sie ausreichend Zeit für die Aufgaben in diesem Feld, und erfüllen Sie die Aufgaben mit innerer Zufriedenheit, die Sie dort eingeordnet haben?

Übung 5.6.: Ihr Quadrant für wichtige Aufgaben zur Erreichung Ihrer Markenvision

Welche Aufgaben befinden sich aktuell im Quadrant „wichtig und dringlich"?

_____

_____

_____

_____

_____

_____

_____

Welche Aufgaben befinden sich im Quadrant „wichtig und nicht dringlich"?

_____

_____

_____

_____

_____

_____

Wie verschaffe ich mir ausreichend Zeit zum Bearbeiten dieser Aufgaben?

_____

_____

_____

_____

_____

Was lasse ich stattdessen weg?

_____

_____

_____

_____

_____

Wie viel innere Freude und wirkliche Zufriedenheit bereiten mir die Aufgaben im Quadranten „wichtig und nicht dringlich"?

_____

_____

_____

_____

_____

_____

Welche Aufgaben sollten dort noch hinein, insbesondere wenn ich an das Erreichen meiner Vision denke?

_____

_____

_____

_____

_____

_____

_____

5.5   Kreativ trifft couragiert

Spätestens in diesem Kapitel wird es sicherlich offensichtlich, dass ich mit Ihnen bei der Entwicklung Ihrer Markenvision nicht nur die berufliche Perspektive einnehmen möchte. Doch tauchen wir noch einmal einen Moment in die Markenwelt ein. Hier würde sich der Markenentwickler bei der Fülle an Optionen die Frage stellen: Welches neue Produkt, welche Innovation ist wirklich wert, verfolgt zu werden, und was ist nur einfach eine nette Erweiterung, eine Line Extension?

> **Mehr vom Gleichen macht unglücklich, wenn Sie schon das Gleiche nicht wirklich glücklich macht!**

Um dafür Resonanz zu bekommen, betreibt der Marktforscher, Sie werden es kaum glauben, Marktforschung! Wie sieht Ihre Marktforschung zu diesem Thema aus? Welche Resonanz erhalten Sie auf die Frage, für welche Neuerung oder Erweiterung es jetzt Zeit ist?

Das wurde bereits beim Thema Kompetenzerweiterung beleuchtet (Abschn. 3.5). Es geht darum, die eigenen Stärken in den Blick zu nehmen und durch Feedback zu entwickeln. Auch bei der Weiterentwicklung und den Feedbackschleifen können wir uns wieder in der Markenwelt bedienen:

Der im Moment sehr aktuelle Design-Thinking Prozess belebt dabei häufig vergessene Tugenden wie Fehlertoleranz und Rückkopplungsschleifen.

Ist das nicht schön, dass Fehler bei der Entwicklung herzlich willkommen sind und Sie durch die systemimmanenten Rückkopplungsschleifen idealerweise den Bedarf treffen, ohne Ihre eigenen Bedürfnisse aus den Augen zu verlieren?

Ja, wie bei der Rezeptur von Commitment und Gelassenheit geht es auch hier um das „sowohl als auch". Es geht sowohl um die Erfüllung der eigenen Bedürfnisse als auch um das Treffen des Bedarfs.

Viele Ratgeber suggerieren: Tue das, was Dich mit Leidenschaft erfüllt, und dann wirst Du erfolgreich und glücklich! Das ist sicher etwas vereinfacht dargestellt und ich möchte niemandem Unrecht tun. Doch habe ich selbst nach sogenannten „Selbsterfahrungsseminaren" erlebt, dass geflashte Teilnehmer sich kurzentschlossen von langjährigen Arbeitgebern oder auch Lebenspartnern getrennt haben. Frei nach dem Motto „Auf zu neuen Ufern!". Doch die neuen Ufer waren noch in keiner Weise wirklich definiert: wie man dort hinkommt und ob Menschen das auch haben wollen, was ich dort mit hinbringe, schon gar nicht. Schiffbrich ist dann vorprogrammiert.

Hintergrundinformation
Design Thinking ist ein Ansatz, der zur Problemlösung und zur Ideenentwicklung führen soll. Ziel ist dabei, Lösungen zu finden, die aus Anwendersicht (Nutzersicht) überzeugend sind.

Menschen unterschiedlicher Disziplinen arbeiten in einem die Kreativität fördernden Umfeld zusammen, entwickeln gemeinsam eine Fragestellung, die Bedürfnisse und Motivationen von Menschen berücksichtigt, und entwickeln dann Konzepte, die mehrfach geprüft werden.

Das Verfahren orientiert sich an der Arbeit von Designern, die als eine Kombination aus Verstehen, Beobachtung, Ideenfindung, Verfeinerung, Ausführung und Lernen verstanden wird.

Beim Design Thinking kommt eine Vielzahl von Methoden zum Einsatz, die sich meist durch Benutzerorientierung, Visualisierung, Simulation sowie durch iteratives und oft auch durch forschendes Vorgehen auszeichnen.

Dabei werden fünf Phasen durchlaufen:

1.Verstehen: In dieser Phase geht darum, das Problem zu verstehen, um daraus später die richtige Aufgabenstellung abzuleiten. Andernfalls führt es zu einer Lösung, die vom Nutzer nicht akzeptiert und genutzt wird. Oftmals wird zu Beginn eines Projektes die Aufgabenstellung zu breit und allgemein angelegt, die dazu noch aus der falschen Probenstellung resultiert. Es gibt auch Beispiele, in denen die Aufgabenstellung zu spezifisch ist, wodurch die Lösung bereits vorgegeben ist. Einer inhaltlichen Vorbereitung wird von Experten abgeraten, da Detailwissen die Mitglieder zu früh ins Klein-Klein führt und den Blick für neue Lösungswege und das eigentliche Problem versperrt. Es ist daher sehr wichtig, dass der Moderator die vermeintlichen Nicht-Experten zu Wort kommen lässt, da die Experten oft schon vorgefertigte Lösungsansätze im Kopf haben und ihr Verständnis des Problems der Gruppe aufzwingen wollen.

2. Beobachten: In dieser Phase geht es darum, die heterogenen Gruppenmitglieder auf schnellstem Wege zu „Experten" für die Frage- bzw. Problemstellung werden zu lassen. Vorab lernen sie allerdings bereits vorhandene Lösungen kennen und hinterfragen sie. Bei der eigentlichen Beobachtung sollten wir unsere Umwelt ohne einen Filter von Vorwissen wahrnehmen. Das Ziel ist, sich ohne Hypothesen im Hinterkopf in die Beobachtungs-Phase zu begeben.

3. Sichtweise definieren: In dieser Phase geht es darum, die Ergebnisse aus der Recherche-Phase auszuwerten, zu interpretieren und zu gewichten. Das Team tauscht sich aus und stellt eine gemeinsame Wissensbasis her, um gegebenenfalls festzustellen, dass noch weitere Informationen erforderlich sind. Demnach würde ein Schritt zurück in die Recherche-Phase erfolgen.

Im ersten Schritt werden die gesammelten Informationen visualisiert. Die gewonnenen Erkenntnisse werden den anderen Mitgliedern vorgestellt, und durch Fragen und Interpretationen bildet sich ein gemeinsames Gesamtbild der Problemstellung. Am Ende dieser Phase steht letztendlich eine ausformulierte Frage, die das konkrete Problem beschreibt.

4. Ideen finden: In dieser Phase werden die gewonnenen Erkenntnisse in Lösungsideen umgesetzt. Oftmals findet hier die Methode Brainstorming Anwendung – Quantität vor Qualität. Nach einem erfolgreichen Brainstorming zu Beginn der Phase wird deutlich, dass die Assoziationen ihre Wurzeln in den vorigen Phasen haben. Der weite Fokus ermöglicht Lösungen, die am Rande des Fokus liegen, aber dennoch direkt mit dem Problem zu tun haben. Dem Moderator fällt dabei eine sehr wichtige Rolle zu, denn er hat dafür Sorge zu tragen, jede vorschnelle Bewertung zu unterbinden.

Design Thinking hat enormes Potenzial, indem es die Chance bietet, die Blockaden hierarchischer Lösungsfindungsprozesse zu durchbrechen. Anschließend werden die Ideen beurteilt und in einer anonymen Abstimmung in die Prototypen-Phase gewählt.

5. Prototypen entwickeln und testen: In der Prototypen-Phase gibt es verschiedene Ansichten von Erfolg – dies hängt stark davon ab, ob sich das Team in einem Workshop befindet oder in einem langfristigen Projekt. Ist ein Erkenntnisgewinn ein Erfolg, oder sollte der Prototyp bereits funktionsfähig sein? Oftmals fungiert der Prototyp als weiterer Ideengeber und daher behelfen sich mit Design Thinking Arbeitende einfacher Mittel, um die Idee greifbar zu machen. Es werden beispielsweise Lego-Steine, Playmobil oder Knetmasse genutzt. Die visualisierten Ideen regen die Vorstellungskraft an und ermöglichen ein Gruppen-Feedback.

Anschließend werden die Prototypen getestet – anfangs noch im internen Kreis, später dann auch mit potenziellen Nutzern. Entscheidend ist die Evaluierung der Prototypen – auch hier gilt, wie in der Beobachten-Phase: Die Qualität der Beobachtung macht den Unterschied. Die Erkenntnis, was den Betrachtern an einem Prototypen gefällt und was nicht, wird schließlich aus einer befriedigenden Lösung eine gute machen.

Zusammenfassend kann festgehalten werden, dass Design Thinking bezüglich seiner Inhalte keine Revolution oder Neuheit ist. Aber es ist ein Rückgriff auf vergessene Tugenden verbunden mit der Akzeptanz, Fehler machen zu dürfen.

Was heißt das für Sie und Ihre persönliche Entwicklung? Probieren Sie aus, trauen Sie sich, Fehler zu machen, holen Sie sich Feedback ein und nutzen Sie die Resonanz für die nächsten Schritte, die Sie gehen. Ein Prototyp ist meist noch nicht perfekt! Auch Sie müssen es in Ihrer neuen angestrebten Rolle noch nicht sein.

Kreativität trifft Courage!

Gerhard Schröder stand der Legende nach vor dem Bundeskanzleramt und rüttelte am Tor mit den Worten: „Ich will da rein!" Das hat er ja dann auch geschafft. Nicht überliefert ist, ob er auch schon einen klaren Plan hatte, wie er seine Vision umsetzen wollte. Angenommen, Ihr Ziel ist klar, Sie wissen aber nicht, wie Sie dieses verwirklichen sollen. Oder noch deutlicher, Ihnen fehlen schlichtweg die Ideen, wie Sie das in die Tat umsetzen sollen. Nur Brainstorming allein ist dann als Taktik zu wenig.

Die Kreativitätstechniken bieten trotzdem interessante Ansatzpunkte, so z. B. die Bionik.

Bionik beschäftigt sich mit dem Übertragen von Phänomenen der Natur auf die Technik. Ein bekanntes Beispiel aus der Geschichte ist Leonardo da Vincis Idee, den Vogelflug auf Flugmaschinen zu übertragen. Ein gängiges Beispiel aus dem moderneren Alltag ist der von der Pflanzengattung Kletten inspirierte Klettverschluss. Der Bionik liegt die Annahme zugrunde, dass die belebte Natur durch evolutionäre Prozesse optimierte Strukturen und Prozesse entwickelt, von denen der Mensch lernen kann.

Ich bin davon überzeugt, dass sich mein Blickfeld erweitert, wenn ich die für mich relevanten Fragestellungen definiert habe und mit diesen dann in die Welt hinausmarschiere. Ich sehe bestimmte Dinge auf einmal unter einem anderen Blickwinkel und allein das öffnet wieder neue Türen.

Und auch eine andere einfache Strategie kann helfen, alte Muster zu durchbrechen.

Wenn Sie im Privaten mal wieder neue Geschmackserlebnisse haben wollen, dann wählen Sie doch einfach mal das dritte Gericht in einem Ihnen noch nicht bekannten Restaurant aus. Der bekannte Speaker und Motivationstrainer Tobias Beck geht für neue Eindrücke einmal im Jahr mit seiner Frau auf den Flughafen und wählt den vierten Flug von oben. Mal ist es Osnabrück und mal Kuala Lumpur. Neue Eindrücke bekommen sie in jedem Fall. Im übertragenen Sinne lädt dieses Vorgehen dazu ein, couragiert alte Muster zu verlassen.

Ich bestelle also nicht das Gericht, von dem ich sicher sein kann, dass ich es mag, weil ich es kenne. Ich setze mich auf der nächsten Netzwerkveranstaltung nicht neben den Menschen, mit dem ich schon hergekommen bin, sondern gehe bewusst auf einen neuen Tisch zu. Fällt Ihnen das schwer, dann nehmen Sie sich einfach den dritten Tisch von links vor. Austricksen ist hier ausdrücklich erlaubt!

Courage wird belohnt!
Können Sie sich an das tolle Gefühl erinnern, wenn Sie sich etwas getraut haben? Ganz egal, wie dann das eigentliche Ergebnis ist. Doch sich zu trauen, das Zutrauen in die eigenen Fähigkeiten ist doch etwas ganz Wunderbares.

> **Wir bereuen selten die Dinge, die wir getan haben, aber die Dinge, die wir nicht getan haben.**

Doch Courage wird nicht nur belohnt, wenn ich mich traue „Ja" zu etwas zu sagen. Auch das bewusste „Nein" ist lohnenswert! Ein „Nein" ist dann oftmals ein „Ja" zu mehr Qualität.[13]

Ein „Nein" zu den dringlichen Aufgaben, die mich fremdgesteuert sein lassen, verschafft mir Zeit für die wirklich wichtigen Aufgaben.

Herzensfülle führt zu Leidenschaft und Leidenschaft lässt uns erfolgreich sein!

> **Ein „Nein" zu den Dingen, die ich nicht aus vollem Herzen mache, schafft mehr Herzensfülle.**

Wer dazu leidenschaftlich aufrief, war der eher zurückhaltende Apple-Chef Steve Jobs.

In seiner Rede, die er 2005 vor Absolventen der Harvard-Universität hielt, wurde Jobs sehr persönlich. Er erzählte vom eigenen Scheitern und den eigenen Fehlern. Und dem Glück, dass diese in der Retrospektive oftmals doch zu wirklichen Fügungen wurden. Sein Plädoyer für mehr Herzensfülle hört sich so an:

---

[13] aus Hermann Scherer: Fokus!, Campus Verlag.

„Denn fast alles – anderer Leute Stolz, Versagensangst – wird im Angesicht des Todes unwichtig, es bleibt nur, was wirklich wichtig ist. Wer bedenkt, dass er sterben wird, fällt nicht der Illusion anheim, er habe etwas zu verlieren. Man ist sowieso nackt. Es gibt keinen Grund, nicht der Stimme des Herzens zu folgen.“[14]

5.6   Den inneren Schweinehund auf Trab bringen

Auch wenn Sie der Stimme Ihres Herzens folgen, so wie Steve Jobs dazu aufgefordert hat, wird der Weg nicht immer leicht sein. Sie kommen automatisch an Grenzen, und manchmal steht Ihnen auch einfach Ihr innerer Schweinehund im Weg.

Jetzt geht es darum, die eigenen Grenzen zu verstehen, auszuhalten und letztlich trotzdem weiterzumachen.

Kennen Sie auch die Ausreden, mit denen wir Selbstsabotage betreiben? Wir erklären uns selbst und auch anderen, warum es gerade jetzt nicht möglich ist, sich für die Veränderung auf den Weg zu machen. Die „Wenn-dann-“-Sätze und die jedes Mal wieder umformuliert werden. Das kann schon bei den kleinen nicht gelebten Träumen tragisch sein. Wenn es um Visionen geht, umso mehr! Worauf wollen wir warten? Auf den neuen Chef, auf mehr finanzielle Sicherheit, auf das Abbezahlen des Hauses, darauf, dass die Kinder mit der Schule fertig sind? Um dann festzustellen, dass es eigentlich keinen passenden Zeitpunkt gibt.

Dass ich nun meinen Motorradführerschein mache, hat sich aus einer ähnlichen traurigen Situation ergeben. Unser Nachbar hatte den lebenslangen Traum, eine knallrote Vespa zu fahren. Als die Kinder zuhause ausgezogen waren, hat er sich diesen Traum endlich erfüllt. Nagelneu und wunderschön stand sie in seiner Garage. Leider war er mittlerweile gesundheitlich so eingeschränkt, dass er insgesamt nur 200 Kilometer fuhr und sie uns jetzt zum Kauf anbot. Sie solle in gute Hände kommen, wie er sagte, sie ständig in der Garage zu sehen und nicht fahren zu können, stimme ihn traurig.

Dies ist nur ein kleines Beispiel von vielen, gerade auch im beruflichen Umfeld. Da sabotiert man sich mit den Aussagen, jetzt passe der neue Job noch nicht, man habe selbst noch zu wenig Erfahrung. Bevor man das Risiko der beruflichen Veränderung einginge, müsse das finanzielle Polster noch wachsen usw. Wir hoffen, dass die Zukunft irgendwann beginnt und wir dann unsere Stärken einsetzen können.

---

[14] Jobs, Steve: Jobs Rede zu Stanfort Absolventen – worauf es in der persönlichen Entwicklung wirklich ankommt, https://www.youtube.com/watch?v=UF8uR6Z6KLc.

„Wer etwas will, findet Wege. Wer etwas nicht will, der findet Gründe."[15]

Welche Klassiker der Saboteure kennen Sie?

Beispiel

Hier ein paar Angebote:

- „Dazu ist die Zeit noch nicht reif!"
- „Das passt jetzt nicht!"
- „Damit werden die anderen nicht einverstanden sein!"
- „Darin sind andere besser als ich!"
- „Das wird zu anstrengend!"

Mit welchen Saboteuren lenken Sie sich am häufigsten ab?

Übung 5.7.: Meine Lieblingssaboteure

_____
_____
_____
_____
_____
_____
_____
_____

Natürlich kann es sein, dass die Zeit wirklich noch nicht reif ist. Dann ist es gut, dies zu erkennen und loszulassen. Das ist einer der Schlüssel zur Zufriedenheit im Hier und jetzt.

Welche Themen haben Sie auf Ihrer Agenda, die Sie immer wieder verschieben? Welche Themen sollten Sie in Angriff nehmen, um Ihre Marke zu etablieren und Ihre Vision zu erreichen?

Auch hier geht es darum auszuloten, was Ihren inneren Schweinhund zahm werden lässt. Was tut ihm gut, wann zieht er sich zurück? Was braucht er an Aufmerksamkeit?

---

[15] Götz Werner.

Vom Zähmen des inneren Schweinehundes spricht der Speaker Dr. Stefan Frädrich. Er nennt seinen inneren Schweinehund „Günter" und die Überwindung das „Günter-Prinzip".

Was können Sie also tun, um den inneren Schweinehund auf Trab zu bringen? Zunächst einmal sollten wir uns ins Gedächtnis rufen, dass uns das ja schon zig Tausend Mal erfolgreich gelungen ist.

Um zufrieden zu sein, wollen wir möglichst positive Gefühle erleben und negative Gefühle vermeiden. Dabei liegt der Fokus leider oftmals auf Letzterem und das führt nicht zu einer positiven Entwicklung.

Um den inneren Schweinhund in den Griff zu bekommen hilft die Erkenntnis, dass nicht nach Darwin die Fittesten überleben, sondern wir drehen die These um: Die am wenigsten Fitten sterben. Ich muss also nicht den inneren Schweinehund schon von Anfang an frustrieren, indem ich mir das Ziel zu hoch setze.

Das Motivationsprinzip bedeutet Abenteuer und Lernen. Wenn wir wissen, wozu wir Dinge tun, dann machen wir sie, und das sogar mit Spaß.

Wenn wir froh sind, dann schüttet unser Gehirn Dopamin aus und sorgt dafür, dass wir leistungsfähig und wach sind und uns auf den Weg machen. Dafür brauchen wir jedoch einen Grund. Wie Stefan Frädrich sagen würde: Wir geben dem Schweinehund Günter etwas zu fressen. Das ist der Grund!

Wir brauchen einen Grund, damit wir ankommen.

Es geht aber nicht nur darum, den inneren Schweinehund auf Trab zu bringen, sondern ihn auch auf Trab zu halten.
Und dabei können wir einmal mehr von unseren Kindern lernen.

> „Kinder haben keine Schweinehunde, sondern Ferkelwelpen."[16]

Sie sind neugierig und tun Dinge aus Spaß. Also bleiben Sie neugierig und machen Sie Ihrem inneren Schweinehund klar, wofür er sich quälen lässt.

Den inneren Schweinehund auf Trab zu halten gelingt, wenn wir uns erreichbare Zwischenziele setzen, Meilensteine, deren Erreichen wir genießen. Das Zwischenziel zu erreichen motiviert, um auch den nächsten Schritt zu gehen.

Als Vorbereitung auf meinen ersten Marathon, für den ich mich im Herbst angemeldet hatte, stand ein Halbmarathon als Test im Frühjahr auf

---

[16] Frädrich, Stefan: Das Günter-Prinzip: So motivierst du deinen inneren Schweinehund https://www.youtube.com/watch?v=9fQ4mHd47fA&t=968s.

dem Programm. Es war heiß und ich kämpfte auf den letzten Kilometern mit meinem inneren Schweinehund, der mich zum Aufgeben animieren wollte. Insbesondere weil er genauso gut wie ich wusste, dass die letzten zwei Kilometer mit einer leichten Steigung zu absolvieren sein würden. Ich verhandelte mit meinem inneren Schweinehund und bewältigte die Steigung, um dann den letzten Kilometer langsam ins Ziel zu laufen. Die Zeit war nicht entscheidend, aber das Ankommen. Auch hier ist wieder die Mischung entscheidend: Das eigene Ziel klar zu haben und zu verfolgen, gegen Hindernisse Auswege zu suchen und sich von einem Ziel lösen zu können, wenn es unrealistisch oder auch gesundheitsgefährdend ist.

5.7 Darf ich vorstellen: Das bin ICH!

In Kap. 3 hatten Sie Gelegenheit, Ihre Strategie und Ihre Vision zu erarbeiten. In Kap. 4 ging es um die unterschiedlichen Blickwinkel und Perspektiven der Betrachtung und in Kap. 5 denken Sie ausführlich über die Haltung nach, die es Ihnen ermöglicht, Ihre Vision Wirklichkeit werden zu lassen.

In der Markenwelt wird die Haltung im Leitbild formuliert. Mit welcher Haltung machen Sie sich auf den weiteren Weg zur Entwicklung Ihrer Marke? Was ist schon vorhanden und was möchten Sie noch an Bord nehmen? Die Mischung macht erfolgreich. Wie behalten wir aber die richtige Mischung im Blick? Die Ausgewogenheit zwischen Commitment und Gelassenheit, die Balance zwischen Courage, Kreativität und genutzten Chancen? Die richtige Dosierung bei der Verhandlung mit dem inneren Schweinehund? Wann sind Sie gut gerüstet für Ihren Weg? Wann ist die Gefahr der Überforderung gegeben und wann verlieren Sie vielleicht auch aus Bequemlichkeit Ihr Ziel aus den Augen?

Erfolg steht uns gut!
Kennen Sie das? Sie haben eigentlich viel gearbeitet, recht wenig geschlafen und trotzdem werden Sie mit dem Satz angesprochen: „Mensch, siehst Du gut aus! Kommst Du gerade aus dem Urlaub?" Das Gegenteil ist der Fall, doch wenn Sie in Ihrer Tätigkeit aufgehen und auf dem richtigen Weg sind, dann ist das auch in Ihrem Körper sichtbar. Leider gilt das auch umgekehrt. Wie es uns geht und wie wir uns fühlen, das strahlen wir aus – auch wenn wir versuchen, etwas anderes vorzutäuschen.

Der bekannte Schauspiellehrer Lee Strassberg machte folgendes Experiment mit seinen Schülern. Er setzte sie in die Flughafenhalle auf einen Stuhl, jeden Tag aufs Neue mit immer anderer Kleidung. Immer neue Passagiere wurden über die Wirkung des Sitzenden befragt, was zu folgender Erkenntnis führte: Die Wirkung des Einzelnen war immer gleich. Und zwar unabhängig von der Kleidung und von der befragten Person. Unsere innere Haltung hat starke Wirkung auf unsere Ausstrahlung. Die wahrhaftige Wahrnehmung durch andere Menschen erfolgt, bevor unser Verstand zu analysieren beginnt. Authentische Menschen wirken innerlich klar und strahlen das nach außen ab. Doch was ist der Schlüssel zu dieser inneren Klarheit? Je klarer sich die Menschen über den Sinn der Gegenwart sind und je zuversichtlicher sie in die Zukunft schauen, desto stärker ist ihre positive Ausstrahlung. Das zeigt sich in der Wirkung nach außen.

Die Wirkung nach innen ist mindestens genauso wichtig. Wie empfänglich sind Sie für die eigene innere Gefühlswelt? Wann nehmen Sie wahr, wenn sich etwas an Ihrer Stimmung verändert? Menschen, die einen guten Zugang zu den eigenen Gefühlen haben, hören auf ihre somatischen Marker. Über die somatischen Marker haben wir schon im Zusammenhang mit dem Thema „Entscheidungen treffen" (Kap. 1.3)gesprochen. Antonio Damásio, der portugiesische Neurowissenschaftler, stellte die Theorie auf, dass alle Erfahrungen eines Menschen im Laufe seines Lebens in einem emotionalen Erfahrungsgedächtnis gespeichert werden. Wenn wir uns während der gemachten Erfahrung wohlgefühlt haben, dann speichern wir ein gutes Gefühl ab und umgekehrt. Wir legen ein körperliches Signalsystem an, das uns bei der Entscheidungsfindung hilft. Somatische Marker sind u. a. unser Puls, Blutdruck, vermehrtes Schwitzen, Verspannungen etc.

Es ist also gut, sich selbst zu kennen! Mit seinen Stärken und Schwächen und seinen Reaktionen und somatischen Markern. Wann geht es Ihnen gut, wann sind Sie auf dem richtigen Weg und wann sollten Sie gegensteuern? Sicher, es geht in diesem Buch um Sie und um Ihre Stärken. Es geht darum, diesen Stärken auf die Spur zu kommen, sie zur Marke auszubauen und Ihre Lebensziele zu erreichen. Doch wie jedes Training kann natürlich auch das Stärken-Training übertrieben werden und es gibt Muskelkater. Kaum ein Künstler, der kein Schaffenstief kennt, gerade sehr motivierte und verantwortungsbewusste Menschen kennen dieses Loch, das entsteht, wenn das Ziel auf einmal unerreichbar erscheint, oder eben das Training der Stärken zu intensiv war. Dann loszulassen, sich Ruhe zu gönnen, aufzutanken und sich auf die Regeneration von Körper und Geist zu konzentrieren, kann wahre Wunder bewirken. Auch hier gilt: „Vertrauen Sie auf sich und nicht auf die anderen!"

Nur wer sich selbst kennt, kann sich und auch andere führen.

Iin Kap. 3 wurde bereits das Thema „Kompetenzen" erörtert. Hier ging es um die Kompetenzen aus Business-Sicht (Abschn. 3.5). Jetzt lassen Sie uns noch einmal Ihre Stärken betrachten. Inwieweit haben Sie diese bereits in Ihren Alltag integriert und können sie nutzen?

Übung 5.8.: Fragen zur Stärkenfindung[17]

Machen Sie diese Übung regelmäßig, um die Nutzung Ihrer Stärken auf dem Weg zur Markenetablierung zu überprüfen.

1. Sind Ihre Aufgaben Ihnen leichtgefallen und haben Sie diese bei guter Laune erledigt?
   ja/nein
2. Fühlen Sie eine freudige Erregung, wenn Sie daran denken, dass Sie sich morgen wieder Ihren Aufgaben widmen dürfen?
   ja/nein
3. Kann es passieren, dass Sie E-Mails und WhatsApp Messages oder sogar einen Termin vergessen, weil Sie in Ihre Aufgaben vertieft sind?
   ja/nein
4. Fühlen Sie sich bei dem, was Sie täglich tun, wohl und sicher?
   ja/nein
5. Haben Sie heute ein Lächeln, eine Zustimmung oder eine bewundernde Äußerung für Ihr Tun geerntet?
   ja/nein
6. Gab es ein Lob von Kollegen oder vom Chef?
   ja/nein
7. Beschäftigen Sie sich mental mit Ihren Aufgaben, auch wenn Sie längst das Büro verlassen haben?
   ja/nein
8. Fällt anderen Menschen auf, dass Sie mit Engagement und Begeisterung von Ihren Aufgaben erzählen?
   ja/nein
9. Könnten Sie ad hoc einen Vortrag über Ihre Tätigkeit halten, sodass andere Ihnen gebannt zuhören?
   ja/nein
10. Überlegen Sie nahezu täglich, wie Sie Ihre Fähigkeiten im Job auch auf andere Bereiche Ihres Lebens übertragen können?
    ja/nein
11. Können Sie nicht verstehen, wenn Kollegen von einer Work-Life-Balance sprechen, weil für Sie die Grenzen hier verschwimmen, da Sie das, was Sie tun, am liebsten stündlich täten?
    ja/nein
12. Haben Sie heute Dankbarkeit empfunden, dass Sie sich genau an diesem Ort zu dieser Zeit Ihren Aufgaben widmen durften?
    ja/nein
13. Arbeiten Sie in dem Bereich, den wohlwollende Personen Ihnen vorhersagten?
    ja/nein
14. Würden Sie nach Ihrem Traumberuf gefragt, würden Sie Ihren jetzigen Beruf nennen?
    ja/nein

---

[17] entnommen aus Frank Rebmann: Der Stärken Code, Campus Verlag 2017, S. 120.

Konnten Sie kaum eine Frage mit „Ja" beantworten? Dann ist es Zeit, sich auf den Weg zu machen. Kommen Sie Ihren Stärken mit Ihrer MARKE-Strategie auf die Spur und suchen Sie sich ein Umfeld, wo Sie diese einsetzen können. Lassen Sie sich von der Frage leiten, was Sie wirklich gern und mit einer gewissen Leichtigkeit machen, Sie aber bisher ungenutzt lassen mussten. Welche wiederkehrenden Tätigkeiten machen Ihnen trotz des Bemühens um Entwicklung weiterhin große Mühe? Wie nötig sind diese Fähigkeiten für das Erreichen Ihrer Vision? Können Sie sie ausgleichen oder gar ersetzen?

Konnten Sie alle Fragen mit „Ja" beantworten? Herzlichen Glückwunsch. Dann ist es Zeit für Gelassenheit und Zufriedenheit. Doch es lohnt sich, diese Fragen immer mal wieder zu beantworten, denn vielfach verlieren wir das Gute in unserem Leben aus dem Blick, wenn es zur Selbstverständlichkeit wird. Gibt es Stärken, die Sie zu oft oder gar zu stark einsetzen, sodass sie sich sogar negativ auf Ihr berufliches oder auch privates Umfeld auswirken?

Für die Leser unter Ihnen, die Freude an Wortspielen haben, für Sie nachfolgend auf den Punkt gebracht: Wie viel „selbst", „Sicherheit" und „Bewusstsein" steckt in einer Marke „ICH":

> **Wir sollten uns unseres Selbst bewusst sein und uns über unserer Potenziale, Talente, Stärken und Schwächen bewusst sein. Dann können wir selbstbewusst sein. Und uns bewusst weiterentwickeln, bis wir selbst sicher sind, dass wir selbst aus eigener Kraft unsere Ziele erreichen. Dann sind wir unseres Selbst sicher und können uns auf unsere Stärken und Fähigkeiten verlassen. Wir sind und wirken dann selbstsicher und authentisch nach innen und außen. Dann sind wir glaubwürdig mit unserer Botschaft, unsere Fähigkeiten werden nachgefragt und sind mit Sicherheit sichtbar und anderen bewusst und damit bekannt. Dann sind wir eine Marke, eine Marke „ICH" in allen Facetten.**

Zusammenfassung Kap. 5:

Die Mischung machts! In Kap. 5 geht es um die innere Haltung, mit der Sie Ihre Markenvision anstreben. Commitment und Empowerment sind genauso erforderlich wie Fair Play und Gelassenheit.

Mit einer hohen Lösungsorientierung packe ich Probleme direkt an, und mit einer Persönlichkeitsstruktur, die wenig nachtragend ist, kann ich mich als Positivdenker platzieren. Diese würden mir eine gute Note in der Kategorie A Haltung bescheinigen. Doch was ist mit der B-Note? Wie gehe ich mit anderen um? Wie ermögliche es, dass mein innerer Schweinehund nicht nur Hürden sieht, und wie bringe ich ihn auf Trab?

Die Ausprägungen der angesprochenen Haltungen zeigt Ihnen, inwiefern Sie ein echtes Chancentrüffelschwein sind und inwieweit Sie sich couragiert auf den Weg zur Erreichung Ihrer Markenvision machen.

Weiterführende Literatur Kap. 5

Bucej, Johannes B.(München 2014): Seelenruhe – Philosophisch zur inneren Mitte finden. Riemann Verlag, http://www.zeit.de/zeit-wissen/2011/06/Entscheidungen:
Gladwell, Malcom (Frankfurt 2005): Blink! Die Macht des Moments, Campus Verlag
Heinrich, Christian u.a: Die Kunst der Entscheidungen in http://www.zeit.de/zeit-wissen/2011/06/Entscheidungen:
Scherer, Hermann (Frankfurt 2016): Fokus, Campus Verlag
Storch, Maja (München 2011): Das Geheimnis kluger Entscheidungen, Piper Verlag
Strelcky, John (München 2009) The Big Five for Life: Was wirklich zählt im Leben, dtv Taschenbuch
http://www.zeit.de/zeit-wissen/2011/06/Entscheidungen: Die Kunst der Entscheidungen von Christian Heinrich, Tobias Hürter, Stefanie Kara und Claudia Wüstenhagen

Weiterführende Videos Kap. 5

Firma Hornbach: eine Marke mit Vision, Zugriffsdatum 18.09.2017 https://www.youtube.com/watch?v=7sDjBsKota8
Das Video zeigt die Entstehungsgeschichte eines Hammers. Eigentlich unspektakulär, wenn da nicht die Antikriegsbotschaft wäre. Für die Entstehung des Hammers wird ein Panzer eingeschmolzen. Der Hammer, in dem entsprechenden Baumarkt nur in limitierter Auflage verfügbar, macht genau das Gegenteil des Panzers: Aufbau statt Zerstörung. Außerdem ist er unverwüstlich und aus Panzerstahl gemacht. Mit diesem USP wird der Besitzer langfristig an die Marke gebunden.
Frädrich, Stefan Dr.: Das Günter-Prinzip: So motivierst du deinen inneren Schweinehund, Zugriffsdatum 18.09.2017 https://www.youtube.com/watch?v=9fQ-4mHd47fA&t=968s
Gassert, Marc: Durchhalten wird belohnt, **Zugriffsdatum 04.10.2017** https://www.youtube.com/watch?v=cVEOoenPaEU
Jobs, Steve: Jobs Rede zu Stanfort Absolventen – worauf es in der persönlichen Entwicklung wirklich ankommt, Zugriffsdatum 18.09.2017 https://www.youtube.com/watch?v=UF8uR6Z6KLc
Lange Dieter: So führst du dich selbst, Zugriffsdatum 15.11.2017 https://www.youtube.com/watch?v=Dv8brpjlPnQ&t=602s

Obama, Michelle: Empowering women speech, Zugriffsdatum 03.11.2017, https:// www.youtube.com/watch?v=6CbDeaqBA7c&t=275s

Obama, Michelle: Michelle Obama's Top 10 Rules For Success, Zugriffsdatum, 03.11.2017 https://www.youtube.com/watch?v=RdePbLi8-ao

Planet_Wissen: Der Wunsch nach Anpassung, Zugriffsdatum 16.11.2017 http:// www.planet-wissen.de/natur/forschung/spiegelneuronen/index.html

Zervakis, Linda, Zugriffsdatum 01.06.2017 http://www.ndr.de/fernsehen/Das-Experiment-mit-Linda-Zervakis-3,dasexperiment110.html

6

Wozu Ihnen Ihre Marke langfristig hilft

6.1 Charisma

Menschen, die sich als Marke „ICH" etabliert haben, haben häufig eine charismatische Ausstrahlung. Viele streben nach ihr, aber nur scheinbar wenige Menschen haben sie: die magische Kraft der Ausstrahlung und Anziehung.

Elektronisches Zusatzmaterial
Die Online-Version für das Kapitel (https://doi.org/10.1007/978-3-658-21702-0_6) enthält
Zusatzmaterial, das berechtigten Benutzern zur Verfügung steht. Oder laden Sie sich zum Streamen der
Videos die „Springer Nature More Media App" aus dem iOS- oder Android-App-Store und scannen Sie
die Abbildung, die den „Play button" enthält.

© Springer Fachmedien Wiesbaden GmbH, ein Teil von Springer Nature 2018
A. Mahlstedt, *Ihr Weg zur Marke „ICH"*,
https://doi.org/10.1007/978-3-658-21702-0_6

Charismatische Menschen ziehen andere Menschen in ihren Bann.

Was genau ist Charisma? Charismatische Menschen geben anderen Menschen das Gefühl, dass sie sich ihren Gesprächspartnern mit absoluter und ungeteilter Aufmerksamkeit widmen. Dass der Mensch, mit dem sie gerade im Gespräch sind, für diesen Moment wirklich wichtig für sie ist. Charismatische Menschen schaffen es, in anderen starke Gefühle auszulösen. Welche charismatischen Menschen kennen Sie? Was macht deren Charisma aus?

USA hat einen charismatischen Präsidenten …

… abgewählt. Über ihn gibt es viele Geschichten, die diese Eigenschaft bestätigen. So z.B. die Geschichte, die eine neue Mitarbeiterin aus dem Kabinett erzählte. Sie war das erste Mal bei einer Sitzung im Oval Office dabei und es wurde viel diskutiert. Es ging konkret um die Ausrichtung der europäischen Sicherheitspolitik, was nicht ihre Kernkompetenz war. Ganz neu in ihrer Rolle, hörte sie erst einmal zu und äußerte sich nicht. Obama sprach sie direkt an und sagte: „Caren, ich bin an Ihrer Meinung interessiert. Was denken Sie?" Sie sagte später, dass sie zunächst einmal überrascht war, dass er überhaupt ihren Namen kannte. Und seine Frage richtete Obama in einem Stil echten Interesses an sie, verbunden mit einer Einladung, wirklich offen die eigene Meinung kund zu tun.

Es gibt viele Videos, die diese Persönlichkeitsmerkmale von Obama deutlich zeigen. Eines davon finden Sie in diesem Kapitel unter weiterführende Videos.

Hintergrundinformation
Der Begriff „Charisma" bezeichnet im allgemeinen Sprachgebrauch die besondere Ausstrahlung oder Ausstrahlungskraft von Menschen. Menschen, die über Charisma verfügen, haben also eine besondere Ausstrahlung und wirken dadurch auf eine große Anzahl von Menschen sympathisch. Des Weiteren steht der Begriff in der Theologie für die Gesamtheit der durch den Geist Gottes bewirkten Gaben und der Befähigung des Christen in der Gemeinde.

Synonyme für Charisma sind unter anderem „Attraktivität", „Präsenz", „Reiz" oder „Schönheit". All diese Synonyme decken sich aber nicht hundertprozentig mit der eigentlichen Wortbedeutung. Der Begriff hat seinen Ursprung im lateinischen charisma (Geschenk) bzw. im griechischen chárisma (Geschenk, Gnadengabe).[1]

Der Begriff hat also je nach Lebensbereich ganz unterschiedliche Bedeutungen. Den Begriff „charismatische Herrschaft" hat der Soziologe Max Weber[2] geprägt. Er spricht davon, wenn ein Anführer oder Regent über außerordentliche Fähigkeiten und eine besondere Ausstrahlung verfügt. Diese Dimensionen

---

[1] Quelle: https://neueswort.de/charisma/.

[2] Maximilian Carl Emil Weber (1864–1920) war deutscher Soziologe und Nationalökonom mit großem Einfluss auf die Wirtschafts-, Herrschafts- und Religionssoziologie.

haben schon vor längerer Zeit Eingang in den Bereich des Managements gefunden. Dort wird „Charisma" als eine hilfreiche Führungskompetenz beschrieben und wird näher im Prinzip der „Transformationalen Führung"[3] erläutert.

Übung 6.1.: Charisma

Wie lautet Ihre Definition für Charisma?

_____
_____
_____
_____
_____
_____

Welche charismatischen Menschen kennen Sie?

_____
_____
_____
_____
_____
_____

Was genau macht deren Ausstrahlung aus?

_____
_____
_____
_____
_____

Was davon möchten Sie sich aneignen?

_____
_____
_____
_____
_____
_____

---

[3] Bei der „Transformationalen Führung" sollen die Mitarbeiter insbesondere über Werte und Einstellungen motiviert werden. Die Führungskraft soll möglichst als Vorbild agieren, gemeinsame Wege zur Zielerreichung kommunizieren und Visionen vermitteln. Die individuellen Bedürfnisse der Mitarbeiter sollen Berücksichtigung finden, sodass die Führungskraft in diesem Konzept die Rolle des Coaches, Lehrers und Beraters innehat.

Was kann Ihnen dabei hilfreich sein?

_____

_____

_____

_____

_____

_____

Charisma lässt sich entwickeln und weiterentwickeln!
Mit der Etablierung und Vermarktung Ihrer Marke „ICH" sind Sie dabei auf einem guten Weg! Charismatische Menschen richten ihren Blick auf andere. Nun ist das möglicherweise verwirrend, denn gerade bei der Entwicklung Ihrer Marke „ICH" stand und steht Ihr ICH im Vordergrund. Doch spätestens beim Buchstaben „R" Ihrer MARKE-Strategie haben wir uns mit den Ressourcen und Ihren Netzwerkpartnern auseinandergesetzt (Abschn. 3.4). Hier geht es um echtes Interesse und echte Anteilnahme an den Bedürfnissen anderer Menschen.

Hierbei hilft Neugierde im positiven Sinne. Wer sich wirklich für sein Umfeld interessiert, wirkt anziehend auf andere Menschen. Viele von uns wissen, welchen Unsinn die Stars und Sternchen der heutigen Zeit online über Twitter und Co. verbreiten. Doch die Bedürfnisse des engsten Umfeldes kennen wir häufig nicht hinreichend. Das echte Interesse wird unabhängig davon gezeigt, ob mir mein Gegenüber nützlich sein kann oder auf gleicher hierarchischer Ebene steht wie ich.

Hilfsbereitschaft und Unterstützung sind ebenfalls Eigenschaften eines charismatischen Menschen. Doch genau wie ein übersteigertes Interesse können diese bei einem Zuviel des Guten auch ins Gegenteil umschlagen. Übertriebene Großzügigkeit kann schnell herablassend wirken, altruistisches Verhalten führt dann dazu, sich selbst in einem besseren Licht zu präsentieren. Hier kommt es zum Paradoxon: Menschen, die sich aktiv darum bemühen, ihr Charisma auszubauen, wirken auf andere oftmals durch ihre Anstrengung nicht authentisch und damit auch nicht charismatisch.

Mir ist dazu aus meinem beruflichen Umfeld unser ehemaliger Leiter der Forschung und Entwicklung als Vorbild in positiver Erinnerung. In seiner Funktion war er beruflich sehr viel unterwegs und kam mit Menschen ganz unterschiedlicher Hierarchieebenen in Kontakt. National kannte man ihn und seinen Namen, international war sein Gesicht nicht ganz so bekannt. Bei unseren Reisen wurden wir immer von einem Fahrdienst vom Flughafen Heathrow abgeholt und zum Headquarter in London gebracht. Bei einer dieser Reisen sagte mir der Chauffeur einmal, dass er gerade einen besonders sympathischen Fahrgast aus Deutschland transportiert habe. Auf meine Nachfrage, was diesen denn so besonders gemacht habe, sagte der Chauffeur: „Eigentlich gar nichts wirklich Spektakuläres, aber der hat mich nach meiner Einschätzung zu ein paar Themen gefragt, die unser Unternehmen und mich in meiner Position gerade so betreffen. Er hat mir wirklich zugehört, war wirklich interessiert. Das war einfach mal schön! Wen interessiert es sonst schon, was ich so denke oder zu sagen hab? Die meisten tippen im Fond doch nur auf ihren Handys rum oder auf ihren Laptops. Gerade noch, dass sie sich beim Aussteigen kurz bedanken oder mir zunicken." Als ich fragte, ob er den Namen seines Gastes wisse, sagte er: „Erwin." Erwin war auch der Vorname unseres Forschungsleiters. Der war einer der am besten informierten Männer, wenn es um Meinungsbildung in unserem Unternehmen ging. Er konnte Strömungen einschätzen und aufnehmen. Neugier, Offenheit und Gespräche über alle Hierarchieebenen hinweg und auf Augenhöhe waren dafür sein Mittel.

Charismatische Menschen sind außerdem begeisterungsfähig und aufrichtig. Sie sagen ihre Meinung, reden anderen nicht nach dem Mund und ecken damit auch mal an. Das erfordert Mut, vielfach werden sie dafür und auch für ihren Optimismus bewundert.

Charismatische Menschen behalten ihre Konkurrenz im Auge, haben es aber nicht nötig, sich „über" sie zu stellen. Sie lassen sich ihren Status im Außen nicht anmerken. Ihr innerer selbstbewusster Status macht es ihnen möglich, auch anderen das Spotlight zu gönnen. Noch einmal zurück zu Obama: welch großzügige Geste, der unterlegenen Hillary Clinton den Posten der Außenministerin anzubieten und sie damit nach harten Vorwahlkämpfen mit solch einem Vertrauen auszustatten und ihr die so ersehnte Bühne zu geben.

Charismatische Menschen würden zwar nicht von sich behaupten, „charismatisch" zu sein, aber sie beschreiben sich als gesunde und realistische „Optimisten". Sicher hat auch ein charismatischer Mensch hin und wieder einmal mit Selbstzweifeln zu kämpfen, gerade weil er selbstreflektiert ist und das eigene Tun und Handeln immer wieder hinterfragt. Doch grundsätzlich schätzt er seine Chancen und Potenziale realistisch ein und geht mutig auf neue Herausforderungen zu. Auch hier erkennen Sie den Buchstaben „M" Ihrer MARKE-Strategie wieder. Und wer Herausforderungen mutig angeht und seine eigenen Stärken und Kompetenzen kennt, für den stehen die Zeichen auf Erfolg. Er behält den Fokus und seine Ziele im Auge. Diese beiden Bereiche finde ich persönlich so wichtig, dass diesen Themen die nächsten beiden Abschnitte gewidmet sind.

6.2 Zielerreichung

Wenn Sie Ihre Marke „ICH" definieren, wird es Ihnen helfen, Ihre Ziele zu erreichen! Sie setzen sich durch die Strategieentwicklung immer wieder mit der Frage auseinander: „Wen will ich wie erreichen?" Ziele sollten möglichst

SMART formuliert sein. SMART steht für spezifisch, messbar, attraktiv (positiv formuliert), realistisch und terminiert.

Diesem wichtigen Thema habe ich auch schon in meinem ersten Buch[4] ein paar Seiten gewidmet. Nachfolgend ein kurzer Auszug daraus:

„Eine Untersuchung der Harvard-Universität hat bereits 1979 ergeben, dass Menschen, die ihre Ziele schriftlich festhalten, viel erfolgreicher bei der Zielerreichung sind. Die über einen Zeitraum von zehn Jahren angelegte Studie teilte die Zielgruppe der Absolventen in drei Gruppen:

- 83 % der Abgänger hatten keine konkreten Zielsetzungen für ihre Karriere
- 14 % der Absolventen hatten klare Zielsetzungen, diese jedoch nicht schriftlich fixiert. Diese 14% verdienten zehn Jahre nach ihrem Abschluss im Schnitt das Dreifache der Absolventen aus der Gruppe 1 ohne feste Ziele.
- 3 % der Absolventen hatten ihre Zielsetzungen darüber hinaus noch schriftlich fixiert. Diese verdienten im Schnitt zehn Jahre nach ihrem Abschluss das Zehnfache der Absolventen aus der Vergleichsgruppe 1.

Diese Zahlen sind oft veröffentlicht, jedoch auch vielfach angezweifelt worden. Die Originalquelle der Universität Harvard ist leider nicht mehr verfügbar.

Im Blog Ziele-sicher-erreichen[5] wird noch auf eine weitere interessante Studie Bezug genommen. Sie dauerte nur vier Wochen, teilt die Teilnehmer allerdings in differenzierte Gruppen ein:

Gruppe 1 formulierte ihre Ziele für einen Zeitraum von vier Wochen nur mündlich. Sie sollten außerdem die Ziele nach Schwierigkeit und Wichtigkeit bewerten. Außerdem sollten sie sich Gedanken über ihre Fähigkeiten und Voraussetzungen sowie Einsatzbereitschaft und Motivation machen, um das Ziel zu erreichen.

Gruppe 2 hatte die gleichen Anweisungen, nur mit dem Unterschied, dass diese alles schriftlich festgehalten hatten.

Gruppe 3 sollte zusätzlich konkrete Maßnahmen zur Erreichung der Ziele notieren.

Gruppe 4 verstärkte die Wirkung noch durch eine Vereinbarung zur Zielsetzung mit einem Freund.

Gruppe 5 schickte zusätzlich noch einmal wöchentlich einen Fortschrittsbericht an den Freund und wurde somit wöchentlich daran erinnert.

---

[4] Mahlstedt, Anja (2016): Wie Frauen erfolgreich in Führung gehen, Springer Gabler Verlag, S. 34 ff.

[5] www.blog.ziele-sicher-erreichen.de Schriftliche Ziele, Communication und Reports helfen bei der Zielerreichung – Ergebnisse einer Studie von Prof. Dr. Gail Matthews.

Das Ergebnis der Studie ergab, dass

* 43 % der Gruppe 1,
* 60 % der Gruppe 2 und 3,
* 64 % der Gruppe 4 und
* 76 % der Gruppe 5 ihre Ziele erreichten.

Wenn bereits nach vier Wochen signifikante Unterschiede in der Zielerreichung gemessen werden können, um wie viel größer ist der Unterschied dann erst über einen längeren Zeitraum gesehen?

Ist die positive Veränderung aktuell noch gering, in zehn Jahren kann sie Sie richtig stark machen. Jeden Tag einige Minuten Workout oder zehn neue Vokabeln haben in zehn Jahren eine enorme Wirkung. Wichtig sind dabei die Regelmäßigkeit und die persönliche Selbstverpflichtung, um am Ball zu bleiben."

Hier hilft die SMARTe Zielformel.

Übersicht

S steht für „**spezifisch**", das heißt, formulieren Sie so konkret wie möglich.

M steht für „**messbar**". Was gemessen werden kann, wird auch erledigt. Wenn Sie keine Messbarkeitskriterien hinterlegen, wissen Sie nicht, wann Sie Ihr Ziel wirklich erreicht haben. Die Messbarkeitskriterien zu definieren, ist bei der eigenen Karrieregestaltung manchmal wirklich herausfordernd. Woran werden Sie merken, dass Sie Ihr angestrebtes Karriereziel erreicht haben? Ist es das angemessene Jahresgehalt, der Gestaltungsspielraum, die Anzahl der Mitarbeiter, die sie zu führen haben, oder die Positionsbezeichnung auf Ihrer Visitenkarte? Vielleicht sogar nichts von alledem, sondernetwas ganz anderes? Es lohnt sich, sich noch ein paar mehr Gedanken darüber zu machen.

A steht für „**attraktiv**", also positiv formuliert. Formulieren Sie, was Sie wollen, und nicht, was Sie nicht mehr wollen. Wir sind häufig gut darin zu formulieren, wovon wir uns wegbewegen möchten. Doch so programmieren wir unser Hirn immer wieder in die Richtung, in die wir nicht mehr steuern wollen.

R steht für „**realistisch**". Realistische Ziele werden Sie erreichen können. Sie können es sich vorstellen und finden es naheliegend, diesen Weg zu gehen. Bei unrealistischen Zielen sagt Ihr Unterbewusstsein möglicherweise: „Das schaffst Du ja doch nicht, brauchst es gar nicht erst zu versuchen." Realistisch heißt trotzdem herausfordernd: „Think big!" Mit der Ermöglichung werden wir uns nachfolgend noch beschäftigen!

T steht für „**terminiert**". Überlegen Sie sich, für welchen Zeithorizont Sie die nachfolgende Übung machen möchten? Stehen Sie noch ganz am Anfang Ihrer Karriere, dann macht diese Übung durchaus mit einer langfristigen Zeitperspektive Sinn. Und wenn ich von langfristig spreche, dann meine ich zehn bis 15 Jahre. Sind Sie schon gestartet und haben ggf. sogar schon erste Führungsverantwortung übernommen, dann rede ich von drei bis fünf Jahren, in denen Sie Ihre nächsten Karriereschritte konkret planen sollten.

Ich selbst setze mir jedes Jahr ein privates, ein berufliches und ein ver-rücktes Ziel Jahr. Und dann gehe ich eine Selbstverpflichtung ein: Ich rede darüber und erzähle meinem Umfeld von meinen Zielsetzungen. Das hilft mir, um mich dann wirklich in Bewegung zu setzen und gerade das ver-rückte Ziel mutig anzugehen. Es fühlt sich für mich nicht gut an, wenn ich dann im Laufe des Jahres von meinen Netzwerkpartnern angesprochen werde: „Wie weit bist Du denn? Bist Du schon einen Schritt weiter?"

Mein berufliches Ziel war in diesem Jahr die Moderation der Sendung „Hamburger Karrierechancen" auf Hamburg 1. Ein neues Format, das Hamburger Unternehmen die Möglichkeit geben soll, einen Blick hinter die eigenen Kulissen zu eröffnen. Geplant waren Interviews mit Personalentscheidern, in denen es um die jeweilige Unternehmenskultur und um neue Berufsbilder geht. Außerdem eröffnet die Sendung die Möglichkeit, offene Positionen zu beschreiben und vorzustellen. Die ersten Trailer sind abgedreht und ausgestrahlt und im Moment ist die Vertriebschefin dabei, Hamburger Unternehmen für das Format zu begeistern.

Mein aktuelles ver-rücktes Ziel ist die Vorbereitung einer längeren Rucksackreise nach Indonesien. Ich möchte meinen Kindern diese Art der Reise, die mein Mann und ich als Studenten sehr genossen haben, näher bringen, weg von geplanten Reiseabläufen und vorgebuchten Hotels. Etwas mehr Abenteuer und Reduktion auf das Notwendigste, auch im Gepäck, stehen auf der Tagesordnung. Im Moment bin ich noch im Stadium, Überzeugungsarbeit bei meinen pubertierenden Kindern zu leisten. Sie würden aktuell einen All-inclusive-Urlaub in Europa vorziehen.

Wenn Sie Ihre Marke so langfristig ausgestalten, dass Sie Ihre Vision im Blick haben, dann bringt Sie das jeden Tag Ihren Lebenszielen näher. Dem, was Ihnen in Ihrem Leben wichtig ist.

In dem wunderbaren Buch „The Big Five for Life" hat John Strelecky das auf fünf Themen heruntergebrochen: Das, was im Leben wirklich zählt.

Er ruft dazu auf, das eigene Leben so zu gestalten, dass Sie Freude daran hätten, in Ihrem „Lebensmuseum" spazieren zu gehen, und Ihren eigenen erlebten Geschichten gern zuhören würden. Damit das Wirklichkeit wird, setzt er auf die „Big Five". „Es sind die fünf Dinge, die wir tun, sehen oder erleben möchten, bevor wir sterben" (Vgl. a.a.O., S. 67). Sich dieser Dinge bewusst zu sein und sich zu fokussieren, ist für ihn gleichbedeutend mit der eigenen Erfolgsdefinition. Außerdem spricht er vom „Zweck der Existenz". Dieser ist vergleichbar mit der in Kap. 3 formulierten Markenmission (Abschn. 3.7). Dies auf den Unternehmenskontext und auf das eigene Ich, meine Marke „ICH" , herunterzubrechen, ist außerordentlich lohnenswert. Der in dem Buch beschriebene Manager fragt seine Bewerber in jedem Interview nach seinen „Big Five" und wie der Bewerber seine persönliche Vision in das Unternehmen einbringen kann.

Kurz gesagt ist das die Antwort auf die Frage: „Wie kann ich es als Unternehmer erreichen, dass meine Mitarbeiter wirklichen Mehrwert bringen und dabei noch erfolgreich und zufrieden sind?" Auch wenn die Kompetenz zum Job passen sollte, passt der Job aber nicht zu den „Big Five", dann wird der Bewerber nicht eingestellt. Als Bewerber sollte ich mich also mit meiner persönlichen Vision und meiner Marke auseinandergesetzt haben, um diese Frage beantworten zu können.

Jetzt einmal umgekehrt gedacht: Sie werden nicht nach Ihren „Big Five" gefragt und müssen sich vermarkten. Überlegen Sie sich einmal, wie das Unternehmen sein sollte, dass Ihnen diese Art von Selbstverwirklichung ermöglicht. Ich bin zutiefst davon überzeugt, dass wir uns in jeder Bewerbungssituation auf Augenhöhe begegnen sollten, um wirklichen Mehrwert für beide Seiten zu stiften. Nicht nur der Bewerber wird auf „Herz und Nieren" geprüft. Auch der Bewerber sollte die Chance haben, wirklich zu überdenken, ob er zur Unternehmenskultur passt. Ob die Werte, die ihm wichtig sind, dort gelebt werden. Ob er die Ziele, die er verwirklichen will, in diesem Kontext erreichen kann. Die besten Fragen, die ich von wirklich guten Kandidaten in diesem Zusammenhang beantworten durfte, waren folgende:

• Warum sind Sie bei dem Unternehmen, für das Sie arbeiten?
• Warum sollte ich zu Ihnen kommen?
• Was unterscheidet Sie von Mitbewerber XY?
• Was ist Ihnen wirklich wichtig in der Mitarbeiterführung? Und was von den genannten Punkten steht ganz oben?

Natürlich kann und sollte ich mich vorab neben der Unternehmenshomepage auch über die Arbeitgeberbewertung auf kununu[6] informiert haben. Doch oftmals schreiben dort gerade ehemalige Mitarbeiter, die das Unternehmen aus irgendeinem Grunde nicht im Guten verlassen haben.

Der direkte Austausch mit dem Interviewer und die entsprechende Reaktion, wenn sie denn ehrlich ist, sind da häufig wesentlich aufschlussreicher. Wir haben uns vom Arbeitgebermarkt hin zum Arbeitnehmermarkt entwickelt und sind damit längst im „War of Talents" angekommen. Insofern können Sie es sich erlauben, als potenzieller Kandidat die obigen Fragen zu stellen. Und glauben Sie mir, die Fragen werden gestellt. Als Arbeitgebervertreter sollte ich entsprechende Antworten parat haben, um im Kampf um die Talente die Nase vorn zu haben.

Welches Umfeld brauchen Sie, um Ihre Ziele verwirklichen zu können? Wie sieht das Unternehmen aus, das Ihnen diesen Rahmen bietet? Oder noch weiter gedacht: Wären Sie der Unternehmensinhaber, welchen Fokus würden Sie setzen, damit Ihre Vision Wirklichkeit wird?

---

[6] www.kununu.de ist eine Plattform zur Bewertung des Arbeitgebers.

Übung 6.2.: Mein Unternehmen der Zukunft

Wie sieht das Unternehmen aus, das Ihnen Ihre Zielerreichung ermöglicht?

_____
_____
_____
_____
_____
_____

Welche Unternehmenskultur ist dort spürbar?

_____
_____
_____
_____
_____

Welche Rahmenbedingungen finden Sie vor?

_____
_____
_____
_____
_____

Wenn Sie Unternehmensinhaber wären, worauf würden Sie besonders achten?

_____
_____
_____
_____
_____

Welche Rahmenbedingungen finden Sie aktuell vor? Passen diese zu dem Bild, das Sie gerade gezeichnet haben, oder ist es Zeit für einen Wechsel?

Manchmal kann dafür ein Impuls von außen helfen. Ein Studienkollege war mein Impuls. Mir war klar, welche Rahmenbedingungen ich bräuchte, um meine Ziele und Visionen zu erreichen. Ich wusste, dass ich als Trainerin, Beraterin und Coach arbeiten wollte. Ich mochte meine Tätigkeit im Konzern und auch meine Kollegen waren großartig. Und trotzdem fehlte für mir etwas ganz Entscheidendes: die Unabhängigkeit. Im Konzern war ich sehr vielen politischen Strömungen ausgesetzt und das störte mich von Jahr zu

Jahr mehr. Ein Kommilitone, mit dem ich seit Studienende jedes Jahr ein bis zweimal telefonierte, merkte dies durch die langen Abstände zwischen unserem Austausch. Bei einem der letzten Telefonate vor meinem endgültigen Entschluss, mich selbstständig zu machen, hielt er mir den Spiegel vor. Mit den Worten: „Anja, merkst Du eigentlich, dass Du mir seit mindestens drei Jahren dasselbe erzählst? Warum änderst Du dann nichts? Wovor hast Du Angst?" brachte er die Dinge auf den Punkt. Ich hatte Angst vor dem Schritt und merkte gleichzeitig, dass ich meine Ziele und meine Vision in der gegenwärtigen Position nicht erreichen würde. Ich bin ihm für dieses Telefonat heute noch dankbar. Diesen letzten kleinen Impuls brauchte ich damals, um meinen Zielen und meiner Vision ein großes Stück näher zu kommen.

> Wenn wir unsere Ziele im Auge behalten, uns die dafür notwendige Umgebung suchen und unsere Vision verfolgen, dann behalten wir automatisch unseren Fokus.

6.3 Fokus

Im Durchschnitt leben die Menschen in den gut entwickelten Industrieländern 28 200 Tage, das sind durchschnittlich 77 Jahre.

Wenn Sie nur 50 % der Zeit mit Dingen verbringen, für die Sie keine Leidenschaft mitbringen, die für Sie nicht zielführend sind, die Ihnen keine Freude machen, dann sind das 14 150 freudlose Tage! Das sind 226 400 Stunden, wenn ich davon ausgehe, dass Sie sich regelmäßig acht Stunden Schlaf gönnen. 226 400 Stunden, diese Zahl dürfen Sie ruhig einmal von rechts nach links bewegen. Schauen Sie nur einmal Ihre letzte Woche an. Wie viel freudvolle Stunden waren dabei, in denen Sie wirklich Ihre Ziele verfolgt haben, das, was Ihnen wichtig ist, und das, was Ihnen Freude bereitet? Sind Sie der Erreichung Ihrer Vision auch nur ein winziges Stück näher gekommen?

Noch einmal zurück zu den Big Five. Habe ich diese im Auge, habe ich automatisch meinen Fokus, die wichtigen Dinge im Blick. Welche Dinge wollen Sie leben oder was wollen Sie für andere sein?

Was halten Sie von der Idee, diese fünf großartigen Themen auf die Rückseite Ihrer Visitenkarte zu drucken?

Ein ungewöhnlicher Weg? Sicher, aber Sie behalten damit Ihren Fokus. Und sicherlich kommen Sie schnell mit anderen Menschen über die wirklich wesentlichen Themen ins Gespräch.

Nicht alles, was wir sehen, fühlen und hören, ist auch Realität. Unser Gehirn ergänzt häufig die noch fehlenden Informationen, weil es darum bemüht ist, uns ein schlüssiges Modell der Welt zu liefern. Dafür füllt das Gehirn Lücken auf und rechnet voraus, was in der Zukunft zu erwarten ist. Das tut es insbesondere bei den Dingen, die uns bewusst sind und die wir selber tun. „Wenn jemand ganz kurz das Licht ausschaltet, dann merken wir das natürlich. Aber wenn wir blinzeln, dann merken wir nicht, dass die Wahrnehmung kurz ausgeschaltet ist", sagt John Dylan-Haynes vom Bernstein Center for Computational Neurosciences in Berlin.[7] Das Gehirn gibt selbst den Befehl zum Blinzeln und kann deshalb auch den kurzen Ausfall des Blickfeldes voraussagen und daher ignorieren. Das Gehirn ist sich selbst immer einen Schritt voraus, daher können gesunde Menschen sich auch nicht selbst kitzeln. Aber nicht nur über den eigenen Körper, auch über die Außenwelt trifft das Gehirn permanente Voraussagen. Daraus schließen die Forscher, dass das Gehirn nicht einfach nur auf Signale aus den Sinnesorganen wartet, sondern versucht, möglichst viele Sinneseindrücke vorauszusagen. Treffen diese Voraussagen zu, dann kann das Gehirn die tatsächlich eintreffenden Informationen besonders effektiv verarbeiten.

Das unterstreicht aus meiner Sicht noch einmal den Nutzen der Fokussierung.

Wenn wir uns mit unseren Zielen auseinandersetzen und unsere Leidenschaften in den Blick nehmen, dann behalten wir diesen Fokus. Und das ist gerade in der heutigen Zeit eine sehr große Herausforderung. Die Aufnahmekapazität des Gehirns ist begrenzt, es reagiert mit Ermüdungs- und Erschöpfungserscheinungen, die die Fachleute Informationsasthenie nennen. Diese Informationserschöpfung ist leicht zu erklären, wenn wir uns vor Augen führen, wie vielen Informationen wir uns täglich gegenübersehen.

Gerade in der Zeit der Digitalisierung, in der sich unser Hirn mit bis zu 20000 Informationen pro Tag auseinandersetzen muss, ist es fast unmöglich, den Fokus zu behalten. Denken Sie doch nur einmal daran, wie schnell wir uns einer kurzen Internetrecherche in der Unendlichkeit des World Wide Web verlieren.

Gleichzeitig gilt vielen von uns das Internet als „Serendipitätsmaschine". Dort, wo Hyperlinks dafür sorgen, dass wir binnen Sekunden an Wissen herankommen, das wir einst sehr mühsam zusammensuchen mussten, lassen sich unerwartete Bezüge sehr schnell herstellen. So lässt sich Neues entdecken und entwickeln.

Allerdings wären wir mit der ungefilterten Masse der Onlineangebote vollkommen überfordert. Nicht umsonst bieten erfolgreiche Websites und Apps meist einfache, überschaubare Funktionen, die die Komplexität des Internets extrem reduzieren. Eine große Herausforderung der digitalen Zukunft besteht darin, angesichts der vielen virtuellen Ablenkungen seine Ziele nicht aus den Augen zu verlieren oder sich nicht für Ziele einspannen zu lassen, die man nicht anvisiert.

---

[7] http://www.tagesspiegel.de/wissen/gehirnforschung-die-grosse-illusion/1840602.html von Kai Kupferschmidt, 18.05.2010.

> **Ablenkung und Verzettelung sind zwei Feinde der Zielerreichung.**

Und welchen Feind gibt es noch? Ein weiterer Feind der Zielerreichung ist der Fleiß! Glauben Sie nicht? Gerade wenn wir „to-do-Listen" schreiben und versuchen, Fleißkärtchen zu ergattern, befinden wir uns doch auf dem Pfad der Zielerreichung, meinen Sie? Doch dann mutieren wir wieder zu den eierlegenden Wollmilchsäuen. Dann sind wir wieder die, die die Erwartungen bedienen, die andere an uns stellen. Statt darauf zu hören, was uns wirklich wichtig ist und was uns am Herzen liegt.

Ich möchte Sie daher dazu einladen, einmal eine „Not-to-do-Liste" zu schreiben. Es ist für mich eine wunderbare Übung, die ich regelmäßig mache. Was steht auf Ihrer Not-to-do-Liste?

Auf meiner Liste steht im Moment ganz oben: „Ich halte mich nicht an alle Regeln!" Auch dazu gibt es einen humorigen Videoclip, den ich Ihnen empfehlen[8] kann.

Übung 6.3.: Meine Not-to-do-Liste

Was werde ich zukünftig nicht mehr tun?

_____

_____

_____

_____

Was werde ich zukünftig delegieren?

_____

_____

_____

_____

Was werde ich zukünftig kritisch hinterfragen, bevor ich mich entscheide, ob ich die Tätigkeit wirklich übernehme?

_____

_____

_____

_____

_____

---

[8] Do you know who I am: https://www.youtube.com/watch?v=yA4aRrbKsH.

Mit welchen Reaktionen muss ich dabei rechnen?
_____
_____
_____
_____

Wie werde ich mit diesen Reaktionen umgehen?
_____
_____
_____
_____

Gelassenheit erlange ich auch, indem ich Dinge lasse. Weiterführende Impulse und Fragestellungen finden Sie in meinem Podcast „Karrieretipps to go" zum Thema „Gelassenheit". Scannen Sie dazu den nachfolgenden QR-Code, und Sie erhalten direkten Zugang zum Video. Die dazu gehörige Karrierekarte gibt es für Sie außerdem zum Download auf www.mahlstedt-tcc.de

GELASSENHEIT

Gelassenheit stammt aus dem Mittelhochdeutschen und heißt in der ursprünglichen Bedeutungsform „Gottergebenheit".

Gelassenheit heißt auch von Angst und Ärger lassen. Wann ist Ihnen das das letzte Mal gut gelungen?

Gelassenheit kommt von lassen: Was wollen Sie loslassen, um mehr Zeit für die wirklich wichtigen Dinge zu haben?

Wer loslässt, hat beide Hände frei: Welche Dinge halten Sie fest, aus Angst sich aus der Komfortzone bewegen zu müssen?

Wo spüren Sie bereits Gelassenheit? Dort vertrauen Sie bereits auf Ihre Kompetenzen und Talente!

Gelassene Menschen versprühen oft eine „Seelenruhe". Was gibt Ihrer Seele Ruhe?

KARRIERETIPPS TO **GO**

▶ https://www.youtube.com/watch?v=m72vxgaLvcs&feature=youtu.be

Seien Sie dessen würdig, dass man sich ihren Namen merkt bzw. dass man Ihren Namen weiterempfiehlt. Erfüllen Sie das Markenversprechen, das Ihrem USP zugrunde liegt? Auch langfristig?

Ich kann mich nicht auf ersten erreichten Markenlorbeeren ausruhen, sonst bin ich auch schnell wieder weg vom Markt! Ich selbst stecke viel in meine persönliche Weiterentwicklung: zum einen, weil ich wissensdurstig bin und mich die Themen wirklich interessieren. Zum anderen, weil ich am Markt präsent sein will und die neuesten Trends kennen möchte. Das heißt nicht, dass ich auf jeden Zug aufspringe und jede Entwicklung mitmache. So ist im Augenblick z.B. das Coaching über neue Medien ein starker Wachstumsmarkt. Ich habe es mehrfach ausprobiert und bin der festen Überzeugung, dass es einen persönlichen, echten zwischenmenschlichen Kontakt nicht ersetzen kann. Es kann für mich maximal ein ergänzendes Instrument sein, das ich zusätzlich anbiete. Allerdings wird der Onlinemarkt nie der Markt werden, in dem ich mich vollständig etablieren möchte – Wachstum hin oder her. Ich würde hier meinen USP zu stark verlassen. Für mich sind die persönliche Bindung zu meinen Kunden und die individuelle Beratung das Herzstück.

Das bringt uns zu der Frage: „Wo spielen Sie mit und wo ecken Sie auch einmal an?" Um sich würdig zu positionieren, ist es auch mal notwendig, „Nein" zu sagen und sich abzugrenzen.

Ein typische Situation: In einem Meeting soll mal wieder eine neue Projektaufgabe vergeben werden. Das ist nicht besonders sexy, aber notwendig zu erledigen. Es ist nicht so, dass sich viele im Team langweilen. Was passiert also, wenn die Aufgabe vom Teamleiter adressiert wird, er aber keinen der Mitglieder konkret anspricht? Richtig, eine längere Pause. Da wird dann das vor einem liegende, noch unbeschriebene Blatt hingebungsvoll mit Smarticons verziert, das Muster des Jacketts meines gegenübersitzenden Kollegen besonders aufmerksam unter die Lupe genommen oder der schon hinlänglich bekannte Büroausblick noch einmal ganz neu genossen. Bloß jetzt nicht den Blickkontakt zum Chef suchen, wer jetzt aufmuckt hat den Auftrag. Meist schaut der zuerst auf, der die Pause als besonders unangenehm erlebt, derjenige, der meist ein ausgeprägtes Harmoniebedürfnis und „Helfersyndrom" hat. Ich rate hier nicht, sich als völliger Einzelkämpfer zu etablieren. Aber es ist nicht hilfreich, aus einem falsch verstandenen Harmoniebedürfnis heraus zur Arbeitsbiene zu mutieren. Umso wichtiger ist es, sich Klarheit zu verschaffen, welche Projekte einen Mehrwert für das Unternehmen generieren und auch eine gewisse Sichtbarkeit haben. Die übergeordnete Frage ist also: „Wohin möchte ich meine Energie bringen?" und: „Welche Themen passen zu meiner Positionierung?" War das bisher schwer für Sie zu beantworten, und haben Sie bislang zu der Fraktion gehört, die als Erste die Pause unterbrochen hat? Dann haben Sie vermutlich öfter als der Durchschnitt den Auftrag erhalten! Betrachten Sie einmal, wie viel Sie bisher davon wirklich profitiert haben. Falls die Waage zwischen Ihrem Input und den tatsächlichen Lorbeeren, die Sie für Ihre Zusatzmühe geerntet haben, nicht in Balance ist, oder noch schlimmer, zu Ungunsten der Lorbeeren ausschlägt, dann ist es Zeit für ein Umdenken.

Das ist der Fokus für die ganz konkreten beruflichen Schritte. Die Auseinandersetzung mit den Fragen: „Was will ich wirklich?" und vor allen Dingen: „Was will ich wirklich nicht mehr?" hilft sehr dabei, nicht einfach in das nächste Hamsterrad hineinzustolpern. Und wie sieht das in einem größeren Zusammenhang und ganzheitlich aus? Was soll für Sie als Mensch mittel- und langfristig im Fokus stehen? Wenn ich mich mit den Fragen auseinandergesetzt habe, welchen Mehrwert ich stiften möchte und wofür ich brenne, dann gilt das ganzheitlich. Was will ich langfristig erreicht haben und warum ist mir das wichtig? In Kap. 3 haben Sie sich mit Fragen zu Ihrer beruflichen Strategie und Vision auseinandergesetzt Abschn. 3.7). Um das zu erreichen, werden Sie sich automatisch fokussieren und die dafür entscheidenden Weichen stellen. Und dann? Vision erreicht und Licht aus? Ganz im Gegenteil, auch als Privatmensch wird die Fokussierung die Weichen stellen. Die Werte, die Sie leiten, gelten sowohl im beruflichen wie auch im privaten Kontext.

Ich lade Sie ein, als Drehbuchautor aktiv sein. Drehen Sie Ihren eigenen Film von Ihrem allerletzten Arbeitstag. Ihre liebsten und wichtigsten Kollegen sind da, um Sie zu verabschieden. Ihr Team, mit dem Sie eng und vertrauensvoll zusammengearbeitet haben, ist vor Ort. Vielleicht sind sogar Freunde und Familienmitglieder anwesend. Meistens wird an einem so wichtigen Tag ja auch die eine oder andere Rede gehalten. Was soll da über Sie gesagt werden? Worauf soll der Fokus gelegt werden? Wie waren Sie als Kollege, Mitarbeiter und Chef? Was werden Sie hinterlassen? Wofür ist man Ihnen dankbar, und wie wird man Sie in Erinnerung behalten? Und was haben Sie noch vor? Welche Pläne und Ideen wollen Sie noch verwirklichen?

Sie haben die Chance, diese Rede einmal vorzubereiten. Nicht Sie halten diese Rede, sondern diese Rede wird über Sie gehalten. Sie haben Ihre Vision also erreicht und die Themen, die Ihnen wichtig sind, umgesetzt.

Übung 6.4.: Abschiedsrede

Wer spricht auf Ihrer Abschiedsrede über Sie und warum?

_____

_____

_____

_____

Worauf wird der Fokus gelegt werden?

_____

_____

Was konkret wird über Sie erzählt werden?

Wofür ist man Ihnen dankbar?

Wofür sind Sie eingetreten?

Was werden Sie hinterlassen?

Was haben Sie noch vor?

Wo liegt Ihr Fokus?

_____
_____
_____
_____
_____
_____

6.4 Wahlfreiheit

Wenn ich mir diesen Weitblick erlaube, dann habe ich auf einmal Wahlfreiheit. Dann löse ich mich aus der gefühlten Fremdsteuerung und verfolge meine Zielsetzung.

Ich habe die Wahl, ob und in welcher Umgebung ich meine Kompetenzen zur Entfaltung bringen will. Ich habe die Wahl, ob ich mich gedulde und auch steinigere Strecken in Kauf nehme, um mittelfristig der Erreichung meiner Vision ein großes Stück näherzukommen. Natürlich könnten Sie jetzt einwenden, dass das alles Illusion sei und Sie sich doch in bestimmten Rahmenbedingungen bewegen würden. Rahmenbedingungen, die alles andere als optimal seien und es Ihnen erst gar nicht ermöglichen, den nächsten Schritt in Richtung Markenpositionierung zu gehen.

Bei der Wahlfreiheit geht es um die Macht und Verantwortung der Wahl, wie wir auf unsere Lebensumstände reagieren. Welche Gestaltungsmöglichkeiten nutzen wir? Wie nutzen wir die Möglichkeiten, die sich uns innerhalb des gegebenen Rahmens bieten? Oder wie mutig sind wir, die Rahmenbedingungen zu verändern? Wie oft fühlen wir uns fremdgesteuert und haben das Gefühl, dass andere für ins die Wahl treffen? Wir fühlen uns entmündigt und je unseren nach inneren Werten begehren wir auf. Ist „Unabhängigkeit" ein hoher Wert für uns, dann zeigen wir das im besten Fall. Haben wir allerdings gleichrangig einen Wert in uns, der „Sicherheit und Beständigkeit" heißt, dann begehren wir zwar innerlich auf, aber äußerlich verhalten wir uns zurückhaltend, wir wollen ja schließlich nicht unseren Job mit den dazugehörigen Privilegien riskieren. Selbst wenn dieser Ihnen nicht erlaubt, die Qualitäten Ihrer Marke „ICH" zur Entfaltung zu bringen. „Sünde" würde Oma Rosi[9] von den Freeses jetzt sagen.

„Echte Wahlfreiheit ist die Freiheit, sich selbst freiwillig zu beschränken" (Lisette Thooft) [10]

---

[9] NDR Comedy Show: „Wir sind die Freeses." Jeden Morgen um 7 Uhr 17 auf NDR 2.

[10] Quelle: www.dr-mueck.de/HM_Denkhilfen/Gemischtes-Saetze-Sprueche-Zitate.htm.

„Sünde", wenn wir das Gefühl haben, keine Wahl zu haben, und uns in die Abhängigkeit begeben. Mit der ehrlichen Auseinandersetzung mit mir und dem, was mir wirklich wichtig ist und wofür ich stehe, hole ich mir die Wahlfreiheit zurück. Wenn ich anerkenne, dass jede meiner Entscheidungen Konsequenzen hat und ich diese Konsequenzen annehme, dann habe ich Wahlfreiheit. Dann habe ich die Vielfalt der Wahl, die innere Klarheit, wofür ich mich entscheiden sollte, damit ich meinen Weg beschreiten kann und die Freiheit habe, dies zu tun.

Dann habe ich die Freiheit, auch ein „Nein" zu wählen und mich unabhängig von der allgemeinen Meinung und der allgemeinen Erwartung zu machen. Wenn ich innerliche Klarheit habe, dann kann ich für dieses „Nein" einstehen, ohne mich zu rechtfertigen und ohne Bedauern, aber mit klarem Blick auf die Konsequenzen. Wenn ich erkenne, dass ich den Beruf, den Werdegang, die Wegbegleiter und die Umgebung selbst gewählt habe, dann übernehme ich für diese Wahl die Verantwortung. Dann kann ich die Wahl annehmen und mögliche Weichen neu stellen, bewusster auf das ausrichten, was mir wirklich wichtig ist. Und wenn es mir wichtig ist, auch andere für mein Tun und Handeln gewinnen.

Häufig gelingt diese Ausrichtung besser mit der Wahlfrage „Was nicht mehr?" statt „Wovon noch mehr?".

Wir waren mit ausländischen Freunden auf dem Hamburger Fischmarkt. Sie waren beeindruckt von dem bunten Treiben zu frühmorgendlicher Stunde. Es ist beeindruckend, wenn der Hamburger Nebel den Blick so langsam auf den Hafen freigibt und man die Stimmung dort aufnehmen kann. Ein Händler überbietet schreiend den anderen. Gesehen wird der, der die lauteste Show bietet. Bis ins Regionalfernsehen haben es hierbei „Aale Dieter" und die niederländischen Blumenhändler gebracht. Sie verschleudern ihre Ware und sprechen ihre Kunden direkt an: „Und das tue ich Dir auch noch in die Tüte, und das noch und dann auch noch das … und Du bist doch bekloppt, wenn Du das dann nicht nimmst … " Und wie reagieren die faszinierten Kunden? Sie schauen zu, lassen die Show auf sich wirken und ziehen weiter, ohne Tüte.

Kommt Ihnen eine solche Situation bekannt vor? Sie bieten etwas an. Wenn es keinen Anklang findet, dann darf es gern auch ein bisschen mehr sein. Das ohnmächtige Gefühl, keine Wahl zu haben, wenn man denn mithalten will. Wann hatten Sie das letzte Mal das Gefühl, sich echte Wahlfreiheit gegönnt zu haben? Und was hat Ihnen dazu verholfen? Vermutlich hatte eine klare innere Ausrichtung einen großen Anteil daran. Das Vorausdenken der Konsequenzen der Entscheidung, die Sie getroffen haben. Das Gefühl, das sich dann gern einstellt, wird nachfolgend beschrieben.

6.5   Zufriedenheit

Wie geht es Ihnen, wenn Sie all diese Fragen beantwortet haben, die ich Ihnen in diesem Buch gestellt habe? Sind Sie zufrieden – tief in Ihrem Inneren? Ich meine damit nicht die lapidare Antwort auf die leichthin gestellte Frage eines gut meinenden Gesprächspartners: „Wie geht es Dir?" Die Antwort: „Na ja, ich bin zufrieden" lässt doch meistens die Schlussfolgerung zu, dass da noch großes Potenzial vorhanden ist. Die Antwort hört sich an wie: „Geht so, ich schlag mich so durch. Ich warte noch auf die wirklichen glücklichen Momente!"

Und manchmal warten wir sehr lange auf die Momente, in denen wir wirklich glücklich sind und unseren Erfolg genießen können. Zu dumm, dass es leider sehr oft so ist, dass wir diese Momente erst so richtig bewusst wahrnehmen, wenn sie schon wieder vorbei sind. Auch dafür zahlen wir einen Preis. Wir machen uns auf die Suche nach dem nächsten besonderen Moment, schon ahnend, dass wir ihn nicht wirklich festhalten können. Zufriedenheit und Ankommen sehen anders aus.

Ist Zufriedenheit eine Frage der Persönlichkeit?

Der Psychologe Ed Diener erforschte den Einfluss der Persönlichkeit auf das subjektive Wohlbefinden. Gemeinsam mit Martin Seligman von der Universität Pennsylvania untersuchte er die Zufriedenheit von 222 seiner Studenten.[11] Sie bedienten sich ebenfalls der „Big Five", der schon erläuterten Dimensionen, die die Persönlichkeit einer Person beschreiben (Abschn. 6.2).

Wie groß ist die Offenheit für Erfahrungen, wie groß sind die Gewissenhaftigkeit und die Umgänglichkeit? Verfügt der Mensch über Begeisterungsfähigkeit (Extraversion)? Oder zeichnet er sich durch emotionale Labilität (Neurotizismus) aus? Dies sind Eigenschaften, die vom Lebenswandel und den Rahmenbedingungen einer Person nicht so leicht zu beeinflussen sind. Tatsächlich haben diese fünf Persönlichkeitsfaktoren ganz erhebliche Auswirkungen auf die Zufriedenheit. Nach Diener und Seligman sind auch noch weitere Wissenschaftler mit bei ihren Untersuchungen zu einem ähnlichen Ergebnis gekommen. Besonders zufriedene Menschen sind laut Studien besonders begeisterungsfähige, umgängliche, gewissenhafte Menschen. Menschen, die eher labil, gehemmt oder ängstlich sind, sind eher unzufrieden, unabhängig von den Rahmenbedingungen, in denen sie leben.

Und oftmals haben sich die wirklich zufriedenen Menschen mit Fragen auseinandergesetzt, die ihnen dabei behilflich waren, ihren echten Stärken auf die Spur zu kommen. Sie haben diese Stärken in ihrem beruflichen Alltag

---

[11] Christina Berndt, Zufriedenheit, 2016, dtv Verlag.

nachhaltig einsetzen können. Diese Menschen antworten auf die Frage: „Was machen Sie denn beruflich?" häufig, dass sie ihre Leidenschaft zum Beruf gemacht haben und dass sie das, was sie tun, wirklich lieben. Viele lässt ein solches Gespräch ungläubig und mit einem flauen Gefühl zurück und mit der Frage: „Ist das wirklich möglich?" Ich bin der Überzeugung: „Ja, das ist möglich!"

Nachfolgend ein paar abschließende Fragen, um diese Reise zu beginnen.

Übung 6.5.: Betrachtung meiner Vergangenheit

Welche Tätigkeit schätze ich so sehr, dass ich sie ohne Vergütung machen würde?

_____
_____
_____
_____
_____
_____

Wenn ich etwas unterrichten würde, welche Themen würde ich wählen?

_____
_____
_____
_____
_____

Bei welchen Themen werde ich um Hilfe gebeten?

_____
_____
_____
_____
_____

Was hat mich beruflich so verletzt, dass ich andere davor schützen würde?

_____
_____
_____
_____
_____

Was ist der Unterschied zwischen Glück und Zufriedenheit?

Das Glück ist für mich eher kurzfristiger Natur. Bin ich mit allen Sinnen dabei, dann bin ich in der glücklichen Lage, diesen Moment wahrzunehmen. Ansonsten ist das Glück flüchtig und es zieht vorbei. Es festzuhalten, immer wieder diesen köstlichen glücklichen Moment neu zu erleben, führt zu immer weiter reichenden Versuchen. Wenn Sie stetig im Konsumrausch unterwegs sind, dann wissen Sie das Luxusgut auch nicht mehr zu würdigen. Fliegt mir etwas förmlich zu, und ich habe mich nicht wirklich darum bemüht, dann ist es gefühlt auch weniger wert.

Was sind die Zutaten von Zufriedenheit? Christina Berndt vertritt in ihrem Buch „Zufriedenheit" die These, dass Zufriedenheit erlernbar sei und uns damit, im Gegensatz zum Glück, langfristig begleiten kann. Durch das Üben von Neugier, Dankbarkeit und Optimismus können solche Weichen gestellt werden. Wir können unseren Fokus verändern, wenn wir nur wollen, und unsere Persönlichkeitsstrukturen trainieren wie einen Muskel. Es geht nicht darum herauszufinden, was alles nicht klappt. Stattdessen sollten wir unseren Blick auf das lenken, was klappt. Es geht darum, unsere stärksten Qualitäten zu identifizieren und zu fördern. Es geht darum, Nischen zu entdecken, in denen wir unsere Stärken am besten ausleben können.

Wo sind Ihre Nischen?

Seneca war der erste römische Philosoph, der sich mit dem Talent auseinandersetzte. Aus seiner Analyse und Reflexion entwickelte er die These: „Glücklich ist ein Leben, wenn es seiner Natur entspricht." Er wurde damit der „Star-Autor" der römischen Welt.[12]

Vom Glück, die Talente entfalten zu können, möchte ich gar nicht sprechen. Aufgrund der getroffenen Unterscheidung zwischen dem kurzfristigen, flüchtigen Glück und der langfristigen Zufriedenheit erlaube ich mir Senecas Satz etwas umzuformulieren.

> **„Ein Leben ist zufrieden und erfüllend, wenn die Talente entwickelt und zum Nutzen aller langfristig eingesetzt werden dürfen."**

Woran erkennen Sie, dass Sie auf dem Weg sind, Ihre Vision zu erreichen, Ihre Marke „ICH" geformt zu haben?

---

[12] Frank Rebmann (2017): Der Stärken Code, Campus Verlag, S. 31.

An wirklicher zutiefst empfundener und lang anhaltender Zufriedenheit! Das „Warum" ist für Sie geklärt, und der Mehrwert, den Sie schaffen, ist sichtbar und erfahrbar. Sie sind nicht mehr auf der Suche, sondern Sie sind dabei anzukommen.

Ich wünsche Ihnen eine wunderbare, erfahrungsreiche und intensive Reise auf dem Weg zu Ihrer Marke „Ich". Kommen Sie gut an!

Zusammenfassung Kap. 6

Die Marke ist etabliert, die Vision formuliert? In diesem Kapitel geht es darum, die Ernte einzufahren.

Die Auseinandersetzung mit der Marke „ICH" und der Markenvision verhilft zu mehr Fokus, Fokus zu mehr Übersicht und damit zu einer besseren Entscheidungsfähigkeit. Wenn ich durch meine innere Ausrichtung meine Ziele nicht nur verfolge, sondern auch erreiche, dann erlange ich ein oft lang vermisstes Gefühl: tiefe Zufriedenheit!

Weiterführende Literatur

Berndt, Christina (München 2016): Zufriedenheit, dtv premium
Franckh, Pierre (Darmstadt 2015): Einfach glücklich sein: 7 Schlüssel zur Leichtigkeit des Seins, Goldmann Verlag
Scherer, Hermann (Frankfurt 2016): Fokus, Campus Verlag
Strelecky, John (München 2009): The Big Five for Life: Was wirklich zählt im Leben, dtv Taschenbuch
www.happentoyourcareer.com

Weiterführende Videos

Do you know who I am, Zugriffsdatum 15.11.2017 https://www.youtube.com/watch?v=yA4aRrbKsH0
Jotzo, Markus: Spitzenleistung durch Loslassen und Fokus, Zugriffsdatum 15.11.2017 https://www.youtube.com/watch?v=OKLp7-gNsRQ
Mahlstedt, Anja: „Gelassenheit" in Karrieretipps to go https://youtu.be/m72vxgaLvcs
Mankevich, Maxim: Die Köpfe der Genies, Zugriffsdatum 18.09.2017 https://www.youtube.com/watch?v=x92CW9ZfR3g
Meyer, Joyce: Die Kraft der Zufriedenheit, Zugriffsdatum 15.11.2017 https://www.youtube.com/watch?v=i9StFUjShNY

Obamas beste Momente im Fernsehen, Zugriffsdatum 3.2.2017 https://www.youtube.com/watch?v=-EUbjOtRGaY

Ritter, Steffen: So steigerst du dein Selbstbewusstsein, Zugriffsdatum 18.9.2017 https://www.youtube.com/watch?v=nJnb3_6nj5s

Phoenix: Kann man Glück lernen? Phoenix Runde am 21.11.2013, Zugriffsdatum 15.11.2017 https://www.youtube.com/watch?v=alaC99-TBR8

Quellen und Buchempfehlungen zum Weiterlesen

Asgodom, Sabine (München 2008): Die Frau, die ihr Gehalt mal eben verdoppelt hat, Kösel Verlag

Ayan, Steve (Stuttgart 2016): Locker lassen: Warum weniger Denken mehr bringt, Klett-Cotta Verlag

Bandura, Albert (Stuttgart 1994): Lernen am Modell, Klett Verlag

Bandura, Albert, Richard H. Walters (New York 1963): Social Learning and personality development. Holt Rinehart and Winston,

Berndt, Christina (München 2016): Zufriedenheit: Wie man sie erreicht und warum sie lohnender ist als das flüchtige Glück, dtv premiuD

Berndt, Jon Christoph (München 2009): Die stärkste Marke sind Sie selbst! Schärfen Sie Ihr Profil mit Human Branding, Kösel Verlag

Betzholz, Dennis und Plötz, Felix (München 2017): Palmen in Castrop-Rauxel: Mach dein Leben außergewöhnlich!", Redline Verlag

B. Bucej, Johannes (München 2014): Seelenruhe – Philosophisch zur inneren Mitte finden. Riemann Verlag

Csikszentmihalyi, Mihaly (Stuttgart 2017): Flow: Das Geheimnis des Glücks, Klett-Cotta Verlag

Diewald, Martin, (2006): „In Krisenzeiten werden Netzwerke wichtiger" auf Spiegel online: http://www.spiegel.de/lebenundlernen/job/karriere-in-krisenzeiten-werden-netzwerke-wichtiger-a-426866.html, Zugriffsdatum 19.09.2017

Foster Justin (New York, 2003): Oatmeal vs Bacon: Oatmeal is Boring, Bacon is not – The Branding Book for People that Care, Business Branding Series

Franckh, Pierre (Darmstadt 2015): Einfach glücklich sein!: 7 Schlüssel zur Leichtigkeit des Seins, Goldmann Verlag

Gladwell, Malcom (Frankfurt 2005): Blink! Die Macht des Moments, Campus Verlag

Goleman, Daniel (München 1997): EQ. Emotionale Intelligenz, dtv

© Springer Fachmedien Wiesbaden GmbH, ein Teil von Springer Nature 2018
A. Mahlstedt, *Ihr Weg zur Marke „ICH"*,
https://doi.org/10.1007/978-3-658-21702-0

Heinrich, Christian u.a: Die Kunst der Entscheidungen in http://www.zeit.de/zeit-wissen/2011/06/Entscheidungen, Zugriffsdatum 18.09.2017

Lüder, Peter (München 2014): Wie würde Jonny Depp präsentieren, Redline Verlag

Mahlstedt, Anja (Wiesbaden 2016): Wie Frauen erfolgreich in Führung gehen, Springer Gabler Verlag

Scherer, Hermann (Frankfurt 2016): Fokus, Campus Verlag

Storch, Maja (München 2011): Das Geheimnis kluger Entscheidungen: Von Bauchgefühl und Körpersignalen, Piper Verlag

Strelcky, John (München 2009): The Big Five for Life: Was wirklich zählt im Leben, dtv Taschenbuch

Werdes, Alexandra (2009): „Vitamine für die Karriere" auf Zeit online: http://www.zeit.de/2009/23/C-Kompakt-Netzwerke, Zugriffsdatum 18.08.2017

https://www.gluecksarchiv.de/inhalt/flow.htm, Zugriffsdatum 18.08.2017

https://interaktiv.morgenpost.de/kanzlerkandidaten-bundestagswahl-2017/   Die Gesten von Merkel und Schulz, Zugriffsdatum 3. Dezember 2017

http://www.zeit.de/zeit-wissen/2011/06/Entscheidungen: Die   Kunst   der Entscheidungen von Christian Heinrich, Tobias Hürter, Stefanie Kara und Claudia Wüstenhagen, Zugriffsdatum 19.09.2017

Videos

Beeinflussung

Linda Zervakis: Das Experiment, Zugriffsdatum 01.06.2017 http://www.ndr.de/fernsehen/sendungen/Das-Experiment-mit-Linda-Zervakis-1,doku1010.html Die Journalistin und Tagesschau-Sprecherin Linda Zervakis will wissen, wovon sich Menschen beeinflussen lassen. Welche Bedeutung haben Herkunft, Kleidung und Aussehen?

Charisma

Obamas beste Momente im Fernsehen, Zugriffsdatum 03.02.2017 https://www.youtube.com/watch?v=-EUbjOtRGaY Barack Obama wird eine charismatische Ausstrahlung bescheinigt. Seine besten Fernsehmomente zeigen einen kleinen Einblick.

Disziplin

Gassert, Marc: Durchhalten wird belohnt, Zugriffsdatum 04.10.2017 https://www.youtube.com/watch?v=cVEOoenPaEU Disziplin und Durchhaltevermögen haben einen unmittelbaren Einfluss auf unsere Motivation. Durchhalten wird mit Erfolg und Selbstbewusstsein belohnt. Gassert spricht über den Antriebsmotor für diszipliniertes Verhalten und verbindet Theorie und Praxis auf inspirierende Weise.

Elevator Pitch

Mahlstedt, Anja: Elevator Pitch in Karrieretipps to go, Zugriffsdatum 30.04.2018
https://www.youtube.com/watch?v=k37fqKsIgbI&feature=youtu.be

Entscheidungen treffen

Brandl, Peter: Die Kunst, schwere Entscheidungen zu treffen, Zugriffsdatum
06.10.2017 https://www.youtube.com/watch?v=67mMVbJbhAU Der Key Note
Speaker und aktuelle Geschäftsführer der German Speaker Association Peter
Brandl ist bekannt geworden durch die Auseinandersetzung mit der grandiosen
und erfolgreichen Notlandung auf dem Hudson. In kürzester Zeit musste der
Pilot eine richtungweisende Entscheidung unter Unsicherheit treffen, die viele
Menschenleben betraf und letztlich rettete.

Sonix fx: Wahlfreiheit! Motivation, Zugriffsdatum, 06.10.2017 https://www.youtube.
com/watch?v=GeJc7qdW3z8 Unterlegt mit sehr schönen Bildern und offenen
Fragestellungen zur Reflexion wird das Thema der Wahlfreiheit und ihr Einfluss
auf die Motivation auf den Punkt gebracht. Egal, wie wir uns entscheiden, für jede
Entscheidung zahlen wir auch einen Preis, den wir uns bewusst machen sollten.

Erfolg

Obama, Michelle: Empowering women speech, Zugriffsdatum 03.11.2017
https://www.youtube.com/watch?v=6CbDeaqBA7c&t=275s

Obama, Michelle: Michelle Obama´s Top 10 Rules For Success, Zugriffsdatum,
03.11.2017 https://www.youtube.com/watch?v=RdePbLi8-ao

Flow

Csikszentmihalyi, Mihaly über „Flow" im Ted Talk, Zugriffsdatum 30.10.2017
https://www.ted.com/talks/mihaly_csikszentmihalyi_on_flow/up-next?lang-
uage=de Der Entdecker des „Flow" spricht im Ted Talk auf Englisch über den
Flow. Mihaly Csikszentmihalyi fragt: „Was macht ein Leben lebenswert?" Mit der
Feststellung, dass Geld uns nicht glücklich machen kann, richtet er seinen Blick
auf jene, die Vergnügen und dauerhafte Befriedigung in Tätigkeiten finden, die
einen Zustand des „Fließens", des „Flow" mit sich bringen.

Fokus

Jotzo, Markus: Spitzenleistung durch Loslassen und Fokus, Zugriffsdatum
15.11.2017 https://www.youtube.com/watch?v=OKLp7-gNsRQ Jotzo bezieht seine
Ausführungen zunächst auf Führungskräfte. Doch seine Erläuterungen, warum uns
das Loslassen so schwerfällt und wie es gelingen kann, können wir auf uns alle beziehen.

Gelassenheit

Anja Mahlstedt: Gelassenheit in Karreretipps to go, Zugriffsdatum 30.04.2018
https://www.youtube.com/watch?v=m72vxgaLvcs&feature=youtu.be

Glück

Phoenix: Kann man Glück lernen? Phoenix Runde am 21.11.2013, Zugriffsdatum 15.11.2017 https://www.youtube.com/watch?v=alaC99-TBR8 Glückspilz oder Pechvogel – Kann man Glück erlernen? Sind Sie glücklich? Was ist für Sie Glück? Viele warten lebenslang auf das große Glück, andere finden es in den kleinen Momenten des Alltags. Manche Hirnforscher behaupten, das Glück kommt nicht zu uns, das Glück macht man, Glücklichsein könne man erlernen. Aber wo findet man das richtige Glücksrezept? Was unterscheidet Glück von Zufriedenheit? Und was macht uns glücklich? Liebe? Kinder? Harmonie? Geld oder Macht? Pinar Atalay diskutiert mit: Prof. Henrik Walter (Neurologe, Charité Berlin), Prof. Dieter Thomä (Philosoph, Universität St. Gallen), Prof. Gert G. Wagner (Zufriedenheitsforscher, Deutsches Institut für Wirtschaftsforschung), Petra Pinzler (Die Zeit)

Innovation

Mankevich, Maxim: Die Köpfe der Genies, Zugriffsdatum 18.09.2017 https://www.youtube.com/watch?v=x92CW9ZfR3g Der Gedächtnistrainer Maxim Mankevich erklärt, wie wir zu mehr Innovation und Kreativität kommen, wie es uns gelingt, Dinge zu kreieren, die es vorher nicht gab.

Motivation

Frädrich, Stefan Dr.: Das Günter-Prinzip: So motivierst du deinen inneren Schweinehund, Zugriffsdatum 18.09.2017 https://www.youtube.com/watch?v=9fQ4mHd47fA&t=968s

Mut

Do you know who I am, Zugriffsdatum 15.11.2017 https://www.youtube.com/watch?v=yA4aRrbKsH0

Peters, Tanja: So wirst Du sofort mutiger: 5 Schritte zu mehr Mut, Zugriffsdatum 15.11.2017 https://www.youtube.com/watch?v=rjlD_xj6yc0&t=98s Mut tut gut! Tanja Peters erklärt, wie wir unsere „Mut-Muskel-Training-Liste" erstellen und durch stetige Überwindung von Alltagsängsten an Mut und Kraft gewinnen. Fakt ist: Mut steht am Anfang des Handelns – Glück am Ende!

Nachfragesog

Arndt, Roland erklärt die Wirkung des Nachfragesogs, Zugriffsdatum 12.09.2017 https://www.youtube.com/watch?v=_PSXEy8TREc Das ganzheitliche Nachfrage-Sog-System basiert auf konsequenter Kundenorientierung und stellt die Leistung des Unternehmens überzeugter dem Kunden dar, sodass im Markt ein Sog für die Unternehmens-Leistung (Produkt und/oder Dienstleistung) entsteht. Damit verringert sich der Wettbewerbsvergleich und führt nachweislich und spürbar bei der Auftragsbeschaffung zu besseren Erträgen und zu einer kontinuierlicheren Auftragsauslastung. Roland Arndt empfiehlt, mit Empfehlungen zu arbeiten, und überträgt das Prinzip auf Unternehmen und auf jeden Einzelnen.

Netzwerken

Mahlstedt, Anja: Netzwerken in Karrieretipps to go, Zugriffsdatum 30.04.2018 https://www.youtube.com/watch?v=K8bO-8q-gGY&feature=youtu.be

Persönlichkeitstypen

Mahlstedt, Anja: Überzeugen mit Persönlichkeit in Karrieretippst to go, Zugriffsdatum 30.04.2018 https://www.youtube.com/watch?v=fE4PrCKr7C0&feature=youtu.be

Mahlstedt, Anja: Karrieren gestalten mit dem FAKT-Karrieretool in Karrieretipps to go, Zugriffsdatum 30.04.2018 https://www.youtube.com/watch?v=YYrQslztr94&feature=youtu.be

Positionierung

Mahlstedt, Anja: Positionierung im Bewerbungsprozess in Karrieretipps to go, Zugriffsdatum 30.04.2018 https://www.youtube.com/watch?v=38yqJ20PZgg&feature=youtu.be

Selbstführung

Jobs, Steve: Jobs Rede zu Stanfort Absolventen, Zugriffsdatum 18.09.2017 https://www.youtube.com/watch?v=UF8uR6Z6KLc Steve Jobs erzählt aus seiner Biografie – sehr persönlich mit einer klaren Empfehlung, seiner Leidenschaft zu folgen.

Lange Dieter: So führst du dich selbst, Zugriffsdatum 15.11.2017 https://www.youtube.com/watch?v=Dv8brpjlPnQ&t=602s In einem enormen Tempo führt der Persönlichkeitstrainer Dieter Lange durch das Thema Selbstführung und Selbstwirksamkeit. Sehr klug und bereichernd bringt er viele Beispiele aus dem alten Griechenland und nimmt Anleihen aus philosophischen Ansätzen.

Planet Wissen: Der Wunsch nach Anpassung, Zugriffsdatum 16.11.2017 http://www.planet-wissen.de/natur/forschung/spiegelneuronen/index.html Wir Menschen haben den tiefen Wunsch nach Zugehörigkeit und passen uns stetig unserem Umfeld an.

Selbstvertrauen

Bischoff, Christian: Die Kunst, dein Ding zu machen, https://www.youtube.com/watch?v=_KGYwQ9K4LQ Motivationstrainer Christian Bischoff lädt seine Zuhörer ein, den eigenen Glaubenssätzen auf die Spur zu kommen und durch positives Denken mehr Selbstvertrauen zu entwickeln.

Mahlstedt, Anja: Den eigenen Stärken auf die Spur kommen in Karrieretipps to go, Zugriffsdatum 30.04.2018 https://www.youtube.com/watch?v=k37fqKsIgbI&feature=youtu.be

Ritter, Steffen: So steigerst du dein Selbstbewusstsein, Zugriffsdatum 18.09.2017 https://www.youtube.com/watch?v=nJnb3_6nj5s Selbstbewusstsein ist Lebensqualität. Selbstbewusstsein ist Wohlfühlen. Wertschätzung, Lob und Anerkennung werden gebraucht, um das Selbstwertgefühl auszubauen, von außen und auch von innen heraus.

Serendipität

Cohn, William, Zugriffsdatum 12.12.2017 https://www.youtube.com/watch?v=2CW4Zg2kZSI Der Sprachbotschafter der Gesellschaft für deutsche Sprache erklärt Begriffe aus dem aktuellen Sprachgebrauch, hier Serendipität.

Story Telling

Christiani, Alexander: Welche Geschichte erzählst du?, Zugriffsdatum 15.11.2017 https://www.youtube.com/watch?v=bPpC_R0M1V0 Geschichten schaffen Nähe, bilden Vertrauen und kurbeln den Verkauf an. Alexander Christiani räumt mit Vorurteilen auf, so z.B. mit dem Vorurteil, dass Geschichten lang sein müssen. Eingängiges Bespiel ist die Geschichte, mit der Steve Jobs den IPod groß machte: „Deine Musikbibliothek in deiner Hosentasche."

Always: LikeAGirl: Die Marke „Always" zeigt, wie Storytelling gelingen kann, Zugriffsdatum 15.11.2017 https://www.youtube.com/watch?v=VhB3l1gCz2E: Eine starke Botschaft steht im Zentrum der Geschichte. Das Video beginnt mit der Frage: „Was bedeutet es, ein Mädchen zu sein?" Anschließend sollen die befragten Menschen sich „wie ein Mädchen" verhalten. Alle stellen sich unbeholfen an. Die Botschaft der Story wird im Folgenden deutlich. Zwei weitere Zwischentitel erklären „Das Selbstvertrauen eines Mädchens stürzt während der Pubertät ab" und „Always will das ändern". Erst hier wird die Marke genannt. Nicht in erster Linie, um für ein bestimmtes Produkt oder die Marke selbst zu werben, sondern für die Idee, für den Wandel und ein fortschrittlicheres Frauen- bzw. Mädchenbild in der Gesellschaft.

Baumgartner, Felix: Space Jump World record 2012, Zugriffsdatum 13.10.2017 https://www.youtube.com/watch?v=vvbN-cWe0A0 Die Marke „Redbull" nutzt die Eigenschaften von uns Menschen, sich mit Rekorden und Höchstleistungen stark zu identifizieren. So wird der Weltrekord-Sprung von Felix Baumgartner 2012 mit der Marke Redbull verbunden. Weder Brand noch das Unternehmen werden dabei genannt, doch trotzdem verknüpft der Zuschauer die Geschichte mit dem Claim „Red Bull verleiht Flügel".

Firma Hornbach, Zugriffsdatum 18.09.2017 https://www.youtube.com/watch?v=7sDjBsKota8 Das Video zeigt die Entstehungsgeschichte eines Hammers, eigentlich unspektakulär, wenn da nicht die Antikriegsbotschaft wäre.

Für die Entstehung des Hammers wird ein Panzer eingeschmolzen. Der Hammer, in dem entsprechenden Baumarkt nur in limitierter Auflage verfügbar, steht für das Gegenteil des Panzers: Aufbau statt Zerstörung. Außerdem ist er unverwüstlich und aus Panzerstahl gemacht. Mit diesem USP wird der Besitzer langfristig an die Marke gebunden.

Mahlstedt, Anja: Storytelling in Karrieretipps to go, Zugriffsdatum 30.04.2018 https://www.youtube.com/watch?v=uSN6EMK_kF0&feature=youtu.be

USP

Atencio, Mariana: What makes you special?: TEDx University of Nevada, Zugriffsdatum 15.11.2017 https://www.youtube.com/watch?v=MY5SatbZMAo Dies ist ein sehr lebendiger, auf Englisch gehaltener Vortrag einer Journalistin, die nach einem längeren Auslandsaufenthalt ihre Sicht auf die Dinge verändert hat, sehr persönlich und mitreißend formuliert.

eDola Politeknik Malaysia: Unique Selling Proposition, Zugriffsdatum 18.08.2017 https://www.youtube.com/watch?v=J0yOlLe0wqw Es handelt sich um eine animierte Videoproduktion zur Erklärung der Unique Selling Proposition. Basiswissen wird sehr gut strukturiert in englischer Sprache zusammengefasst.

Zufriedenheit

Meyer, Joyce: Die Kraft der Zufriedenheit, Zugriffsdatum 15.11.2017 https://www.youtube.com/watch?v=i9StFUjShNY Zufrieden zu sein bedeutet nicht, dass wir uns nichts mehr wünschen dürften oder keine Veränderung anstreben sollten. Die Annahme und der Fokus auf „das, was ist" sind die Kernaussagen dieser Rede.

,

Sachverzeichnis

© Springer Fachmedien Wiesbaden GmbH, ein Teil von Springer Nature 2018
A. Mahlstedt, *Ihr Weg zur Marke „ICH"*,
https://doi.org/10.1007/978-3-658-21702-0

Ihr Bonus als Käufer dieses Buches

Als Käufer dieses Buches können Sie kostenlos das eBook zum Buch nutzen.
Sie können es dauerhaft in Ihrem persönlichen, digitalen Bücherregal
auf **springer.com** speichern oder auf Ihren PC/Tablet/eReader downloaden.

Gehen Sie bitte wie folgt vor:

1. Gehen Sie zu **springer.com/shop** und suchen Sie das vorliegende Buch
   (am schnellsten über die Eingabe der eISBN).
2. Legen Sie es in den Warenkorb und klicken Sie dann auf:
   zum Einkaufswagen/zur Kasse.
3. Geben Sie den untenstehenden Coupon ein. In der Bestellübersicht wird
   damit das eBook mit 0 Euro ausgewiesen, ist also kostenlos für Sie.
4. Gehen Sie weiter **zur Kasse** und schließen den Vorgang ab.
5. Sie können das eBook nun downloaden und auf einem Gerät Ihrer Wahl lesen.
   Das eBook bleibt dauerhaft in Ihrem digitalen Bücherregal gespeichert.

EBOOK INSIDE

eISBN
Ihr persönlicher Coupon   978-3-658-21702-0
                                     bq86edbymN9Gg2Y

Sollte der Coupon fehlen oder nicht funktionieren, senden Sie uns bitte
eine E-Mail mit dem Betreff: **eBook inside** an **customerservice@springer.com.**